数据网组建

主　编　孙鹏娇　张　伟　王中宝
副主编　孙妮娜　李　可　黄　博

北京理工大学出版社
BEIJING INSTITUTE OF TECHNOLOGY PRESS

内容简介

本书是根据通信类高职高专教育的培养目标和教学需要编写的。本书从基本网络设备的认知和操作入手，由浅入深地介绍了数据通信网络基础、网络设备的认知与配置、局域网的认知与组建、网络互连技术、网络扩展技术、数据网络应用配置等内容。全书共5个项目、15个任务。每个项目均设有习题与拓展案例，“拓展案例”部分对任务相关知识进行了更深层次的介绍，可以增强读者对任务相关知识的了解，扩展读者的知识面。

通过对本书的学习，校学生、工程技术人员和广大社会学习者可获得对数据网络设备互连的全面理解，了解数据网络在5G、4G等网络中的地位，对数据网络规划、网络维护有一定的认识，并具备一定的国家骨干网络、运营商网络、电信网络、城市骨干网络、企业网络、校园网络等大、中、小型网络的开局规划、网络组建与优化等能力，本书也能为读者获取网络工程师认证或者将来从事通信行业或设备商工作打下良好的基础。

本书适合作为高职高专院校计算机应用技术、计算机网络技术、电子信息工程、通信技术等相关专业的教材，也可作为上述相关专业的工程技术人员和管理人员的自学用书。

图书在版编目(CIP)数据

数据网组建 / 孙鹏娇，张伟，王中宝主编. -- 北京：北京理工大学出版社，2022.8

ISBN 978-7-5763-1656-8

Ⅰ. ①数… Ⅱ. ①孙… ②张… ③王… Ⅲ. ①数据通信-通信网-高等职业教育-教材 Ⅳ. ①TN919.2

中国版本图书馆CIP数据核字(2022)第160494号

出版发行 / 北京理工大学出版社有限责任公司
社　址 / 北京市海淀区中关村南大街5号
邮　编 / 100081
电　话 / (010) 68914775（总编室）
(010) 82562903（教材售后服务热线）
(010) 68944723（其他图书服务热线）
网　址 / http://www.bitpress.com.cn
经　销 / 全国各地新华书店
印　刷 / 涿州市新华印刷有限公司
开　本 / 787毫米×1092毫米　1/16
印　张 / 13.25
字　数 / 298千字
版　次 / 2022年8月第1版　2022年8月第1次印刷
定　价 / 75.00元

责任编辑 / 钟　博
文案编辑 / 钟　博
责任校对 / 周瑞红
责任印制 / 施胜娟

图书出现印装质量问题，请拨打售后服务热线，本社负责调换

前言

一、起因

党的二十大提出加快构建新发展格局，着力推动高质量发展。“建设现代化产业体系，坚持把发展经济的着力点放在实体经济上，推进新型工业化，加快建设制造强国、质量强国、航天强国、交通强国、网络强国、数字中国。”随着5G、云计算、人工智能、大数据、物联网等产业的快速发展，IP数据通信网络已经成为当今信息通信领域的核心承载网络。因此，掌握IP数据通信网络的相关知识与技术已成为通信行业从业人员的基本要求。

在这样的大背景下，本书以行业发展为背景、以岗位需求为导向、以项目为载体、以职业技能考核标准为依据、以任务为驱动，采用“项目化＋任务式”教学方式进行内容的组织，并以目前市场上主流品牌（思科系统公司）的数据设备作为任务技能训练设备。本课程是由行业企业专家、一线技术人员和专业教师共同开发的工学结合、教学做一体化的新形态课程。本课程配备了立体化的辅助材料，包括智慧职教平台、微课、PPT教学课件、任务单、题库，还有大量软件实操实训，以便读者复习与巩固。本书内容丰富、图文并茂、层次清楚、语言简洁，使读者既能学习到理论知识，又能够通过实际操作培养实用技能。

二、内容架构

本书分为5个项目、15个任务。本书从基本网络设备的认知和操作入手，由浅入深地介绍了数据通信网络基础、网络设备的认知与配置、局域网的认知与组建、网络互连技术、网络扩展技术、数据网络应用配置等多方面内容。本书的主要特点是采用任务驱动的教学方式，通过“任务描述—相关知识—任务实施—拓展案例”的结构，使读者在完成技能训练的同时掌握相关理论知识。本书中的“拓展案例”部分对任务相关知识进行了更深层次的介绍，可以增强读者对任务相关知识的了解，扩展读者的知识面。

三、特色与创新

（1）本书是行企指导、工学结合、教学做一体化新型活页式教材。

本书是汇集行业专家、一线优秀教师、高水平技术人员指导开发课程，将数字资源与教材内容有机融合所构建的一种新形态、多维、立体、可视化的教材。本书图文并茂，形式活泼，语言表达精炼、准确、科学，方便读者自主学习。

（2）教学内容组织遵循学生职业成长规律，由简单到复杂，层层推进。

本书采用任务驱动的教学方式，通过“任务描述—相关知识—任务实施—拓展案例”

的结构，使读者在完成技能训练的同时掌握相关理论知识。

(3) 本书配有立体化的教材辅助材料，得到线上、线下平台支撑，在教学中实现翻转，提高学习质量。

为了保障学习效率，本书特别开发了立体化的教材辅助材料，包括微课、PPT 教学课件、任务单、案例素材、配套习题等，读者可访问智慧职教平台网站（www. icve. com. cn）搜索－数据网组建与维护，就可以观看或下载。或者直接访问网址（https://www. icve. com. cn/portal_new/courseinfo/courseinfo. html? courseid = hw3jalgtbbbngs7gwktwyq）观看本书籍配套线上课程。本书通过智慧职教平台实现了线上与线下课程的结合，在教学中实现翻转，提升读者的学习效果。

本书采用活页式装订方式，方便取出或加入内容——交作业、夹笔记、替换旧内容、加入新技术内容。

四、编写分工及致谢

本书由吉林电子信息职业技术学院孙鹏娇、张伟和王中宝担任主编，由孙妮娜、李可、黄博担任副主编，时野坪、张开元、谢露莹、吕岳海、王瑰琦、冯田旭、陈佳佳参编。其中，孙鹏娇负责全书的架构设计及内容统稿，并编写了项目一；张伟编写了项目二～项目四；王中宝编写了项目五的任务13、拓展案例，项目四和项目五的思考与练习以及附录和书中部分插图；孙妮娜编写了项目五的任务14；李可编写了项目五的任务15；黄博编写了项目一～项目三的思考与练习以及书中部分插图；时野坪、谢露莹、吕岳海、王瑰琦、冯田旭、陈佳佳负责部分微课视频的制作；中国电子系统技术有限公司张开元负责技术支持。

本书在编写过程中得到了中国电子系统技术有限公司、北京华晟经世科技有限公司等企业的大力支持，在这里一并表示感谢。

由于编者水平有限，书中难免会有错误和不妥之处，恳请广大读者批评指正。

编　者

2021 年 9 月

目录

项目一

数据通信网络基础的认知

背景描述

小赵参加了某公司网络部的校园招聘，考官要求小赵现场使用现有的设备制作网线，提问一些网络互连框架的相关基础知识，并通过在思科模拟器上组建一个简单网络来考察小赵对IP地址的规划能力。请协助小赵完成此项考核。

学习目标

学习目标1：熟悉并掌握计算机网络的基础知识，了解计算机网络的构成及分类。
学习目标2：认知两种双绞线（直连线、交叉线）的区别、用途及其制作方法。
学习目标3：掌握网络互连框架的相关基础知识：OSI参考模型、TCP/IP体系。
学习目标4：学会使用思科模拟器软件，认识思科模拟器的界面。
学习目标5：掌握IP地址规划的相关知识。

任务分解

任务1：计算机网络认知与网线的制作和测试
任务2：网络互连框架认知及思科模拟器软件的安装
任务3：IP地址的规划

任务1　计算机网络认知与网线的制作和测试

1.1　任务描述

考官要求小赵使用现有的器材制作直连线及交叉线并测试其连通性，请协助小赵完成该项考核。

1.2　相关知识

1.2.1　计算机网络概述

计算机网络的认知

计算机网络就是利用通信线路和通信设备，用一定的连接方法，将分布在不同地理位置、具有独立功能的多台计算机相互连接起来，在网络软件的支持下进行数据通信，实现资源共享。计算机网络如图1－1所示。

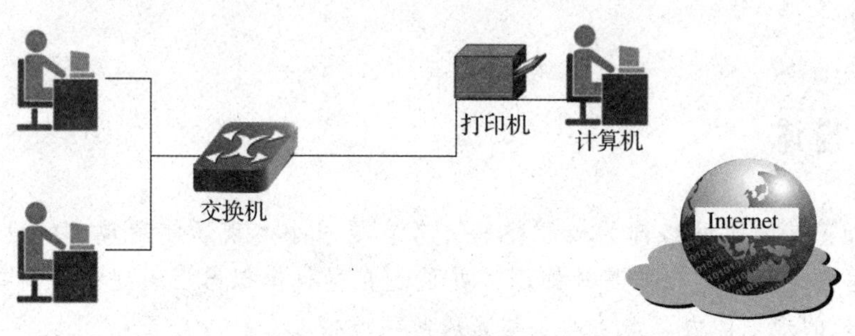

图1－1　计算机网络

从广义上看，计算机网络是以传输信息为基础目的，用通信线路将多个计算机连接起来的计算机系统的集合。

从用户角度看，计算机网络是这样定义的：存在一个能为用户进行自动管理的网络操作系统，它调用用户所调用的资源，而整个网络像一个巨大的计算机系统一样，对用户是透明的。

一个比较通用的定义是：计算机网络是利用通信线路将地理上分散的、具有独立功能的计算机系统和通信设备按不同的形式连接起来，以功能完善的网络软件及协议实现资源共享和信息传递的系统。

从整体上来说，计算机网络就是把分布在不同地理区域的计算机与专门的外部设备用通信线路互连成一个规模大、功能强的系统，从而使众多计算机可以方便地互相传递信息，共享硬件、软件、数据信息等资源。简单来说，计算机网络就是由通信线路互相连接的许多自主工作的计算机所构成的集合体。

1.2.2　计算机网络的演进

计算机网络经历了从简单到复杂、从低级到高级的发展过程。在这一过程中，计算机技术与通信技术紧密结合，相互促进，共同发展，最终产生了计算机网络。总体来看，计算机网络的演进可以分为以下四个阶段。

1. 第一阶段：远程终端联机系统

早期的计算机功能不强，体积庞大，是单机运行的，需要用户到机房上机。为了解决不便，人们在远离计算机的地方设置远程终端，并在计算机上增加通信控制功能，经线路输送数据，对数据进行成批处理，这就产生了具有通信功能的单终端联机系统。1952 年，美国半自动地面防空系统的科研人员首次研究把远程雷达或其他测量设备的信息通过通信线路汇接到一台计算机上，进行集中处理和控制。20 世纪 60 年代初，美国航空公司与 IBM

公司联手研究并首先建成了由 1 台中央计算机及遍布全美的 2 000 多个终端组成的美国航空订票系统（SABRE－1）。在该系统中，各终端采用多条线路与中央计算机连接。SABRE－1 系统的特点是具有通信控制器和前端处理机，采用了实时，时与分批处理的方式，提高了线路的利用率，使通信系统发生了根本变革。

严格意义上讲，第一阶段远程终端与分时系统的主机相连的形式并不能算作计算机网络。

2. 第二阶段：计算机互连

1969 年 9 月，美国国防部高级研究计划所和十几个计算机中心一起，研制出了 ARPA-NET，其目的是将若干大学、科研机构和公司的多台计算机连接起来，实现资源共享。ARPANE是第一个较为完善地实现了分布式资源共享的网络。

20 世纪 70 年代后期，在全世界已经出现了为数众多的计算机网络，并且各个计算机网络均为封闭状态。

国际标准化组织（International Standards Organization，ISO）在 1977 年开始着手研究网络互连问题，并在不久以后提出了一个能使各种计算机在世界范围内进行互连的标准框架，也就是开放系统互连参考模型。

3. 第三阶段：标准化网络

标准化网络属于网络－网络形式的系统，在全球已有几万个网络进行互连。互联网成功地采用了 TCP/IP，使网络可以在 TCP/IP 体系结构和协议规范的基础上进行互连。1983 年，加利福尼亚大学伯克利分校开始推行 TCP/IP，并建立了早期的互联网。

进入 20 世纪 90 年代，互联网进入了高速发展时期，到了 21 世纪，互联网的应用越来越普及，互联网已进入人们生活的方方面面。

4. 第四阶段：Internet 互连时代

从 20 世纪 90 年代中期开始，计算机网络向综合化、高速化的方向发展，同时出现了多媒体智能化网络，发展到现在，已经是第四代了。局域网技术发展成熟，计算机网络的发展主要体现在住宅宽带接入 Internet、无线接入 Internet 和无线局域网、融合通信、IPTV 等多个方面。

物联网已经进入人们的生活，并且在智能医疗、智能电网、智能交通、智能家居、智能物流等多个领域得到应用，其在形成系列产业链的同时，也必将产生大规模的创业效益。以互联网为核心和基础的物联网将是未来计算机网络的主要发展趋势。

1.2.3　计算机网络的分类

按照覆盖范围，计算机网络可以分为局域网（LAN）、城域网（MAN）和广域网（WAN）。

局域网是一个高速数据通信系统，它在较小的区域内将若干独立的数据设备连接起来，使用户共享计算机资源。局域网的覆盖范围一般只有几千米。局域网的基本组成包括服务器、客户机、网络设备和通信介质。通常局域网中的线路和网络设备一般由用户所在公司或组织所拥有、使用、管理。

计算机网络的分类及拓扑结构

城域网（图 1－2）是数据网的另一个例子，它在区域范围和数据传输速率两方面与局域网有所不同，其覆盖范围从几千米至几百千米，数据传输速率可以从几 kbit/s 到几 Gbit/s。城域网能向分散的局域网提供服务。对于城域网，最好的传输媒介是光纤，因为光纤能满足城域网在支持数据、声音、图形和图像业务上的带宽容量和性能要求。

图 1－2　城域网

广域网的覆盖范围为几百千米至几千千米，由终端设备、节点交换设备和传输设备组成。一个广域网的骨干网络常采用分布式网状结构，本地网和接入网通常采用是树形或星形连接。广域网的线路与设备的所有权与管理权一般属于电信服务提供商，而不属于用户。

目前，Internet 已经发展到全球范围。Internet 是由于许多小的网络（子网）互连而成的一个逻辑网，每个子网中连接若干台计算机（主机）。Internet 以交流信息资源为目的，基于一些共同的协议，并通过许多路由器和公共互联网相互连接而成，它是一个信息资源和资源共享的集合。

1.2.4　计算机网络的性能指标

计算机网络的性能指标主要包括速率、带宽、吞吐量、时延、往返时间（RTT）等。

1. 速率

网络技术中的速率是指计算机网络中的主机在数字信道中的传输速率，也称为数据率或比特率。速率的单位是 bit/s（比特每秒）。日常生活中所说的常常是额定速率或标称速率，而且常常省略，例如 100 M 以太网等。

2. 带宽

计算机网络中，带宽用来表示网络的通信线路传输数据的能力，因此网络带宽表示在单位时间内从网络中的某一点到另一点所能通过的“最高数据率”，带宽的单位是 bit/s（比特每秒）。

3. 吞吐量

吞吐量表示在单位时间内实际通过某个网络（或信道、网络接口）的数据量。吞吐量常用于对现实世界的网络的测量，以便知道实际到底有多少数据能够通过网络。吞吐量的单位是 bit/s（比特每秒）。

计算机网络的
性能指标

4. 时延

时延是指数据从网络的一端传送到另一端所需的时间，时延包括发送时延、传播时延、处理时延和排队时延。

（1）发送时延：发送时延是主机或路由器发送数据帧所需要的时间，也就是从发送数据帧的第一个比特开始到最后一个比特发送完毕所需的时间，因此发送时延也叫作传输时延。

（2）传播时延：传播时延是电磁波在信道中传播一定的距离所花费的时间。

（3）处理时延：处理时延是主机或路由器在收到分组时进行处理所花费的时间。

（4）排队时延：分组在经过网络传输时，要经过许多路由器，但分组在进入路由器后要先在输入队列中排队等待处理，在路由器确定转发接口后，还要在输出队列中排队等待转发，这样就产生了排队时延。

数据在网络中经历的总时间，也就是总时延，等于上述的 4 种时延之和，即

总时延 = 发送时延 + 传播时延 + 处理时延 + 排队时延

5. 往返时间（RTT）

往返时间也是一个非常重要的指标，它表示从发送方发送数据开始，到发送方收到来自接收方的确认总共经历的时间。在互联网中往返时间还包括中间各节点的处理时延、排队时延以及转发数据时的发送时延。

1.2.5　双绞线的种类

双绞线按照不同的分类标准有不同的分类方法，下面介绍几种常用的双绞线分类方法。

双绞线按其绞线对数可分为 2 对、4 对和 25 对（2 对的用于电话，4 对的用于网络传输，25 对的用于电信通信大对数线缆）。

按照是否带有电磁屏蔽层来划分，可以将双绞线分为屏蔽双绞线（Shielded Twisted - Pair，STP）与非屏蔽双绞线（Unshielded Twisted - Pair，UTP）两类。非屏蔽双绞线是一种数据传输线，由 4 对不同颜色的传输线组成，广泛用于以太网和电话线。非屏蔽双绞线最早在 1881 年被用于贝尔发明的电话系统。1900 年，美国的电话网络也主要由非屏蔽双绞线组成，由电话公司所拥有。非屏蔽双绞线如图 1 – 3 所示。

屏蔽双绞线在双绞线与外层绝缘封套之间有 2 个金属屏蔽层。屏蔽层可减少辐射，防止信息被窃听，也可阻止外部电磁干扰。屏蔽双绞线比同类的非屏蔽双绞线具有更高的传输速率。屏蔽双绞线在电磁屏蔽性能方面明显优于非屏蔽双绞线，能够提供更好的数据传输性能，当然其相应的成本也更高。屏蔽双绞线如图 1 – 4 所示。

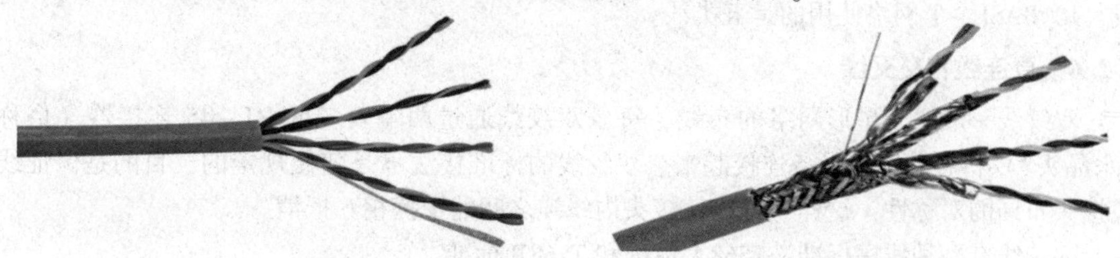

图 1 – 3　非屏蔽双绞线　　　**图 1 – 4　屏蔽双绞线**

按照电气性能划分，可以将双绞线分为三类、四类、五类、超五类、六类和七类双绞线等类型。级别较高的双绞线拥有更优越的电气性能，在数据传输性能和所支持的带宽方

面也占有更大的优势。随着生产技术的不断成熟和应用需求的不断提高，五类、超五类或六类非屏蔽双绞线已经成为局域网中的主力传输介质。

（1）一类线（CAT1）：最高频率带宽是 750 kHz，用于报警系统，只用于语音传输（一类标准主要用于20 世纪 80 年代初之前的电话线缆），不用于数据传输。

（2）二类线（CAT2）：最高频率带宽是 1 MHz，用于语音传输和最高传输速率为 4 Mbit/s的数据传输，常用于使用 4 Mbit/s 规范令牌传递协议的旧的令牌网。

（3）三类线（CAT3）：指目前在 ANSI 和 EIA/TIA568 标准中指定的线缆，其传输频率为 16 MHz，最高传输速率为 10 Mbit/s，主要用于语音传输、10 Mbit/s 以太网（10BASE-T）和 4 Mbit/s 令牌环，最大网段长度为 100 m，采用 RJ 形式的连接器，目前已淡出市场。

（4）四类线（CAT4）：传输频率为 20 MHz，用于语音传输和最高传输速率为 16 Mbit/s（指的是 16 Mbit/s 令牌环）的数据传输，主要用于基于令牌的局域网和 10BASE-T/100BASE-T 网络，最大网段长度为 100 m，采用 RJ 形式的连接器，未被广泛采用。

（5）五类线（CAT5）：增加了绕线密度，外套一种高质量的绝缘材料，最高频率带宽为 100 MHz，最高传输速率为 100 Mbit/s，用于语音传输和最高传输速率为 100 Mbit/s 的数据传输，主要用于 100BASE-T 和 1000BASE-T 网络，最大网段长度为100 m，采用 RJ 形式的连接器。这是最常用的以太网线缆类型。在双绞线线缆内，不同绞线对数的双绞线具有不同的绞距长度。通常，4 对双绞线的绞距长度在 38.1 mm 以内，按逆时针方向扭绞，1 对双绞线的绞距长度在 12.7 mm 以内。

（6）超五类线（CAT5e）：具有衰减小、串扰少的优点，并且具有更高的比值（ACR）和信噪比（Structural Return Loss）、更小的时延误差，性能得到很大提高。超五类线主要用于千兆以太网（1 000 Mbit/s）。

（7）六类线（CAT6）：传输频率为 1～250 MHz，，六类线布线系统频率为 200 MHz 时，衰减串扰比（PS-ACR）应该有较大的余量，它提供 2 倍于超五类线的带宽。六类线布线的传输性能远远高于超五类线布线系统，适用于传输速率高于 1 Gbit/s 的应用。六类线与超五类线的一个重要不同点在于：改善了在串扰以及回波损耗方面的性能，对于新一代全双工的高速网络应用而言，优良的回波损耗性能是极重要的。六类线标准中取消了基本链路模型，布线标准采用星形结构，要求的布线距离：永久链路的长度不能超过 90 m，信道长度不能超过 100 m。

通常公共计算机网络所使用的是三类线和五类线，其中 10BASE-T 网络使用的是三类线，100BASE-T 网络使用的是五类线。

1.2.6 直连线和交叉线

双绞线一般用于星形网络的布线，每条双绞线通过两端安装的 RJ-45 连接器（俗称“水晶头”）将各种网络设备连接起来。双绞线的标准接法不是随便规定的，目的是保证线缆接头布局的对称性，这样就可以使接头内线缆之间的干扰相互抵消。

双绞线有两种线序标准：T568A 标准和 T568B 标准。

568A 标准：绿白—1、绿—2、橙白—3、蓝—4、蓝白—5、橙—6、棕白—7、棕—8；568B 标准：橙白—1、橙—2、绿白—3、蓝—4、蓝白—5、绿—6、棕白—7、棕—8。

各芯线用途如下：

1——输出数据（+）；

2——输出数据（-）；

3——输入数据（+）；

4——保留为电话使用；

5——保留为电话使用；

6——输入数据（-）；

7——保留为电话使用；

8——保留为电话使用。

由此可见，虽然双绞线有 8 根芯线，但在目前广泛使用的百兆网络中，实际上只用到了其中的 4 根，即 1、2、3、6，它们分别起着收、发信号的作用，于是有了新奇的 4 芯网线的制作，也可以叫作 1-3、2-6 交叉接法。这种交叉线的芯线排列规则是：网线一端的第 1 脚连另一端的第 3 脚，网线一端的第 2 脚连另一端的第 6 脚，其他脚一一对应即可，也就是在上面介绍的交叉线制作方法中把多余的 4 根芯线抛开不要。

直连线：两头都按 T568B 线序标准连接。直连线线序如图 1-5 所示。

图 1-5　直连线线序

交叉线：一头按 T568A 线序连接，一头按 T568B 线序连接。交叉线线序如图 1-6 所示。

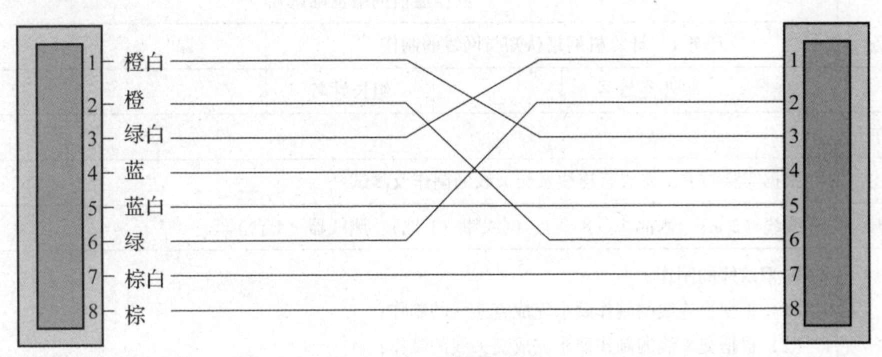

图 1-6　交叉线线序

在平时制作网线时，如果不按规范标准连接，虽然有时线路也能接通，但是线路内部各线对之间的干扰不能有效消除，从而导致信号传送出错率升高，最终影响网络整体性能。只有按规范标准连接，才能保证网络正常运行，也会给后期的维护工作带来便利。

1.2.7 直连线与交叉线的应用

不同类型的双绞线有不同的应用环境，有些网络环境中需要使用直连线，有些网络环境中需要使用交叉线。网络环境是由不同的网络设备组成的，在计算机网络中，把网络设备分为两种类型，即 DCE 型和 DTE 型

DCE 型设备：交换机、集线器。

DTE 型设备：路由器、计算机。

按照上面的分类，同种类型的网络设备使用交叉线连接，不同类型的网络设备使用直连线连接。

直连线用于以下连接：

（1）计算机和交换机/集线器；

（2）路由器和交换机/集线器。

交叉线用于以下连接：

（1）交换机和交换机；

（2）计算机和计算机；

（3）集线器和集线器；

（4）集线器和交换机；

（5）计算机和路由器。

不过现在很多网络设备对网线都有自适应功能，会自动测试线序的情况，并自适应使用双绞线。

1.3 任务单

任务 1 的任务单见表 1－1。

表 1－1　任务 1 的任务单

<table>
<tr><td>项目一</td><td colspan="6">数据通信网络基础认知</td></tr>
<tr><td>工作任务</td><td colspan="4">任务 1　计算机网络认知与网线的制作</td><td>课时</td><td></td></tr>
<tr><td>班级</td><td></td><td>小组编号</td><td></td><td>组长姓名</td><td colspan="2"></td></tr>
<tr><td>成员名单</td><td colspan="6"></td></tr>
<tr><td>任务描述</td><td colspan="6">根据实验要求，完成直连线及交叉线的制作及测试</td></tr>
<tr><td>工具材料</td><td colspan="6">线缆（2 m）、水晶头（8 个）、网线钳（1 把）、测线器（1 台）</td></tr>
<tr><td>工作内容</td><td colspan="6">1. 双绞线的制作
（1）根据直连线的制作要求完成直连线的制作；
（2）根据交叉线的制作要求完成交叉线的制作；
（3）感兴趣的同学可以自行制作具有 4 根线芯的网线，即 1、2、3、6 线序的网线。
2. 双绞线的测试
（1）根据要求，测试自己制作的直连线；
（2）根据要求，测试自己制作的交叉线</td></tr>
</table>

续表

<table>
<tr><td>项目一</td><td colspan="6">数据通信网络基础认知</td></tr>
<tr><td>工作任务</td><td colspan="4">任务 1　计算机网络认知与网线的制作</td><td>课时</td><td></td></tr>
<tr><td>班级</td><td></td><td>小组编号</td><td></td><td>组长姓名</td><td colspan="2"></td></tr>
<tr><td>注意事项</td><td colspan="6">（1）遵守机房的工作和管理制度；
（2）注意用电安全，谨防触电；
（3）各小组固定位置，按任务顺序展开工作；
（4）爱护工具仪器；
（5）按规范操作，防止损坏仪器仪表；
（6）保持环境卫生，不乱扔废弃物</td></tr>
</table>

1.4　任务实施：网线的制作

网线的制作

1. 网线制作准备

制作网线之前首先要准备制作材料，如双绞线、水晶头以及制作工具网（线钳）等。RJ－45 连接器采用透明塑料材料制作，由于其外观晶莹透亮，常被称为水晶头，如图 1－7 所示。水晶头接口具有 8 个铜制引脚，在没有完成压制前，引脚凸出于接口，引脚的下方是悬空的，有 2～3 个尖锐的突起。在压制线材时，引脚向下移动，尖锐部分直接穿透双绞线铜芯外的绝缘塑料层与线芯接触，很方便地实现接口与线材的连通。

网线钳的规格型号很多，分别适用于不同类型接口与线缆的连接，通常用 XPYC 的方式来表示。其中，X、Y 为数字；P 表示接口的槽位（Position）数量，常见的有 8P、4P 和 6P，分别表示接口有 8 个、4 个和 6 个槽位；C 表示接口引脚连接铜片（Contact）的数量。例如，常用的标准网线接口为 8P8C，表示有 8 个槽位和 8 个引脚。网线钳及网线测试仪分别如图 1－8 及图 1－9 所示。

图 1－7　水晶头

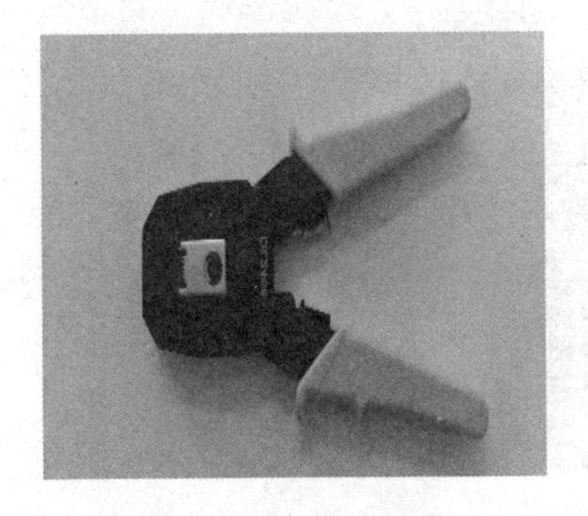

图 1－8　网线钳

图 1－9　网线测试仪

2. 网线制作实施

按照 T568B 线序标准制作直连线，制作步骤如下。

（1）准备线材。如制作 1 m 的双绞线需要准备 1.1 m 的线缆，多出的 0.1 m 用于制作网线时裁剪的部分，或者在制作网线失败时，剪掉损坏的网线头重做。

（2）把双绞线的外壳剥掉，此时需要注意所剥掉外壳的长度，一般要剥掉 1.5～2 cm。

可以利用网线钳的剪线刀口将线头剪齐，再将线头放入剥线专用的刀口，然后稍微用力握紧网线钳慢慢旋转，让刀口划开双绞线的胶皮外壳，并把一部分胶皮外壳去掉，如图 1－10～图 1－13 所示。

剥除胶皮外壳之后即可见到双绞线的 8 根 4 对铜线，如图 1－14 所示，分别为橙色组、绿色组、蓝色组、棕色组 4 组，每组颜色各不相同。每组缠绕的两根铜线是由一种纯色的铜线和纯色与白色相间的铜线组成的。制作网线时 8 根铜线必须按照规定的线序排列整齐后理顺并扯直。

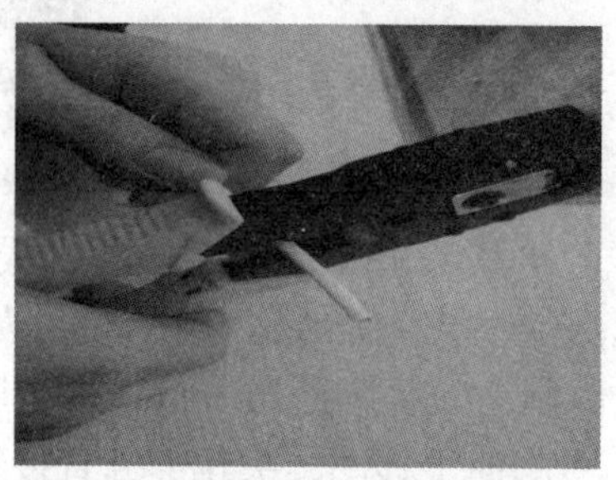

图 1－10　确定长度

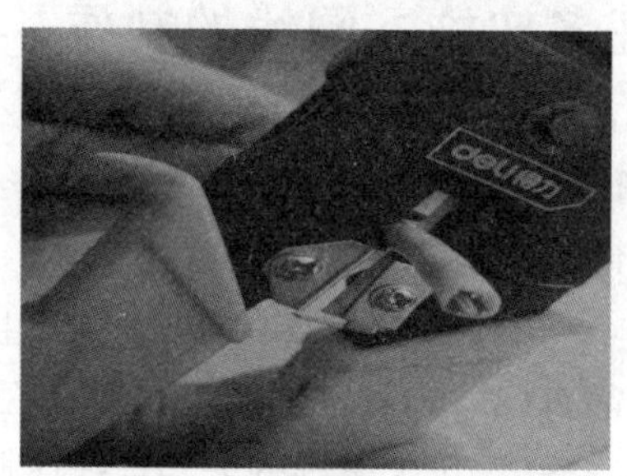

图 1－11　划开胶皮外壳

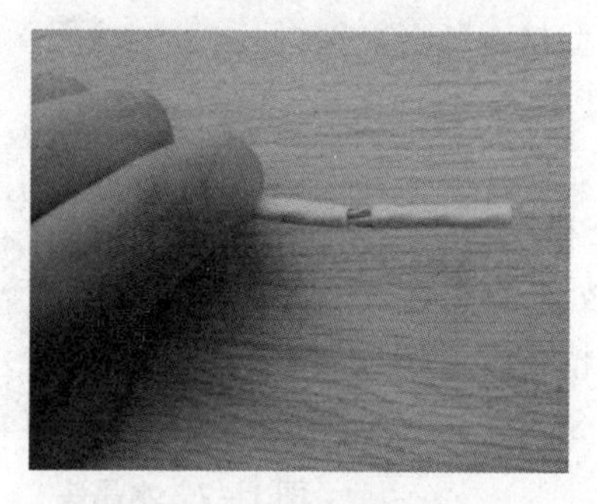

图 1－12　剥除胶皮外壳

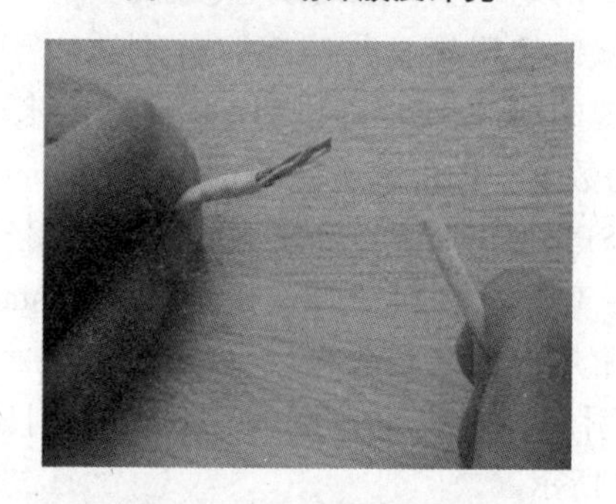

图 1－13　拔掉胶皮外壳

（3）将 8 根铜线分别解开缠绕并理直，如图 1－15 所示。

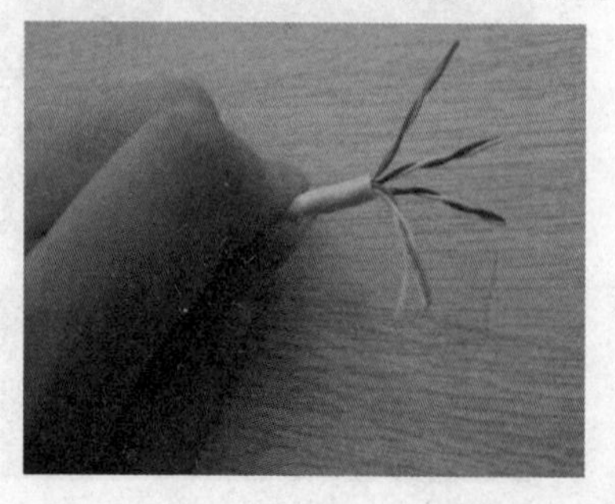

图 1－14　8 根 4 对铜线

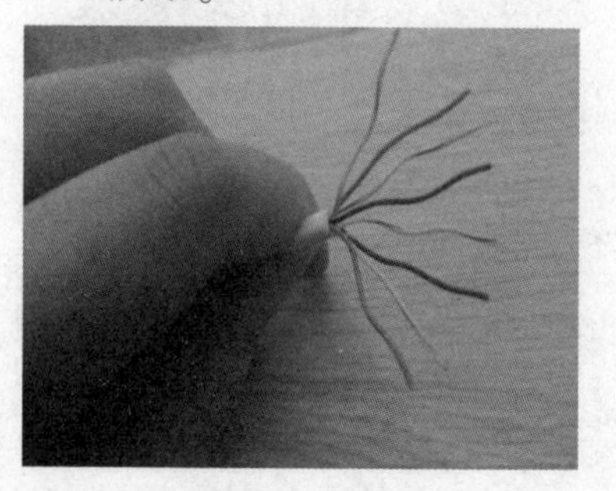

图 1－15　理线

将铜线理直后按照制作网线的特定线序排列铜线，如图 1－16 所示。

线序排完之后需要将 8 根铜线一起扯直，以便于裁剪并插入水晶头中，如图 1－17 所示。

如图 1－17 所示，8 根铜线并不整齐，需要先对齐（图 1－18），再使用网线钳的剪切刀口裁齐，如图 1－19 所示。

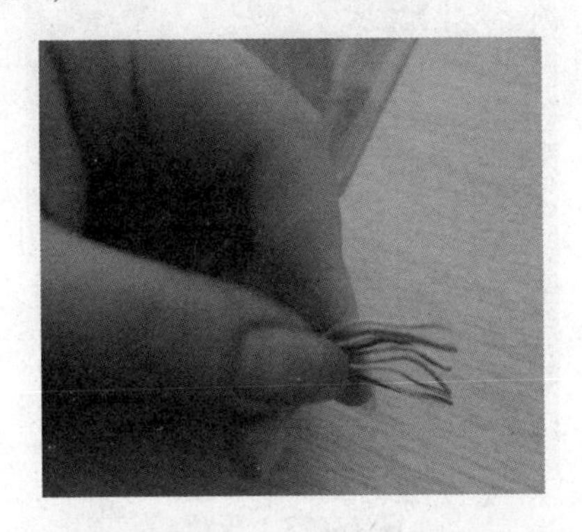

图 1－16　排序

图 1－17　扯直

图 1－18　对齐

图 1－19　裁齐

（4）把整理好的铜线插入水晶头中，注意水晶头的位置，有铜片的一侧面向自己，如图 1－20 所示。

铜线插入后要保证胶皮外壳有一部分在水晶头中，以便于压线时被固定线缆用的塑料扣压住，如图 1－21 所示。

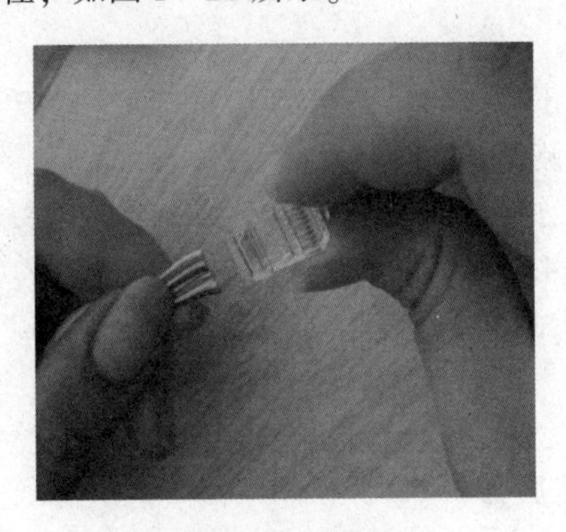

图 1－20　插线

图 1－21　压皮

（5）把插入铜线的水晶头插入网线钳 8P 的压线口处，如图 1－22 及图 1－23 所示。注意，压线时一定要使铜线顶到水晶头前端，以保证压线后水晶头的铜片能压在铜线上，否则会出现线缆不通的现象。

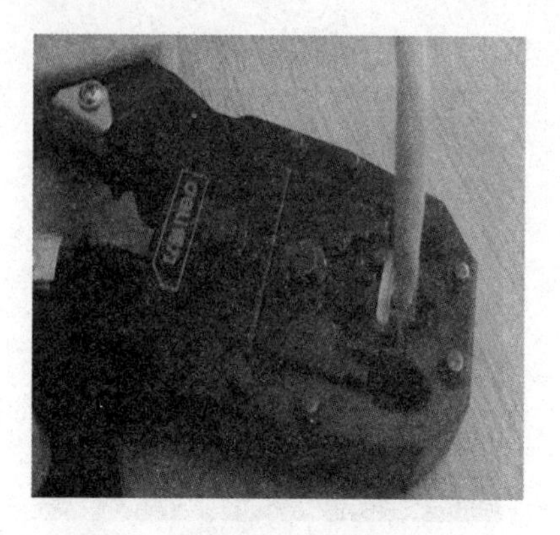

图 1－22　压线

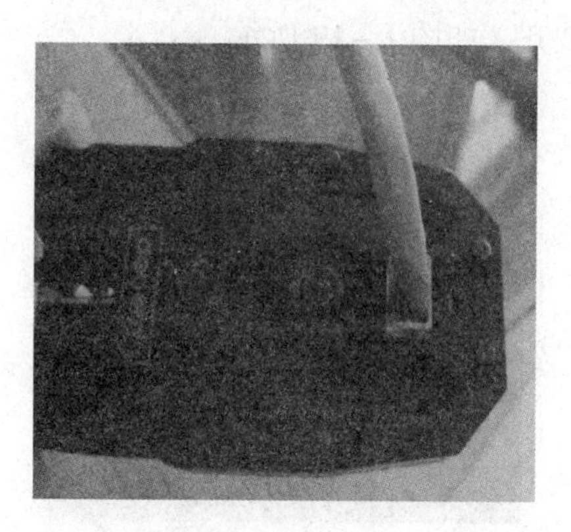

图 1－23　压紧

（6）网线制作完成，如图 1－24 所示。

以上是网线一端的制作过程，而制作网线时需要制作网线的两端。网线的两端制作完成后，完整的网线如图 1－25 所示。

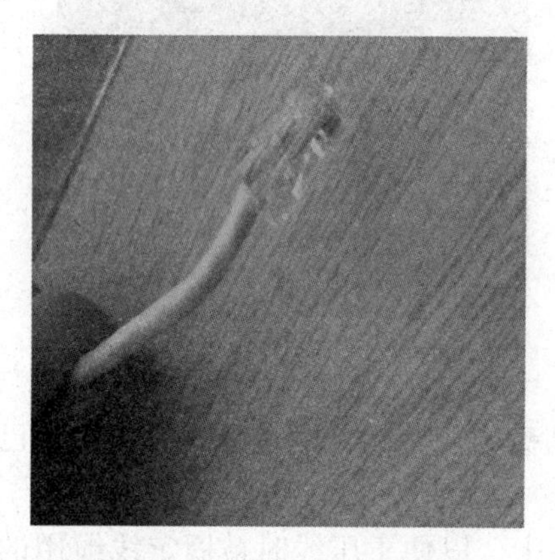

图 1－24　制作完成的网线

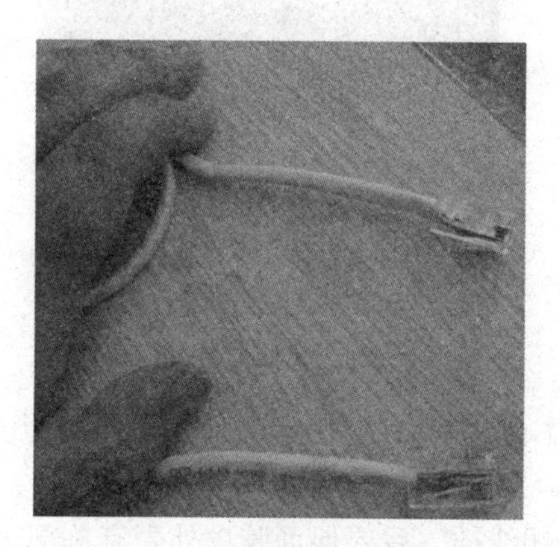

图 1－25　完整的网线

3. 网线测试

网线制作完成之后，为了检测网线是否连接正确、各铜线和水晶头是否连接紧密，需要对网线进行测试。在对网线进行测试之前，先认识一下网线测试仪。网线测试仪如图 1－26 所示。网线测试仪有两个 RJ－45 端口，可以分别插入网线两端的水晶头，另外，网线测试仪面板上的 LED 指示灯可以用来显示网线线序。

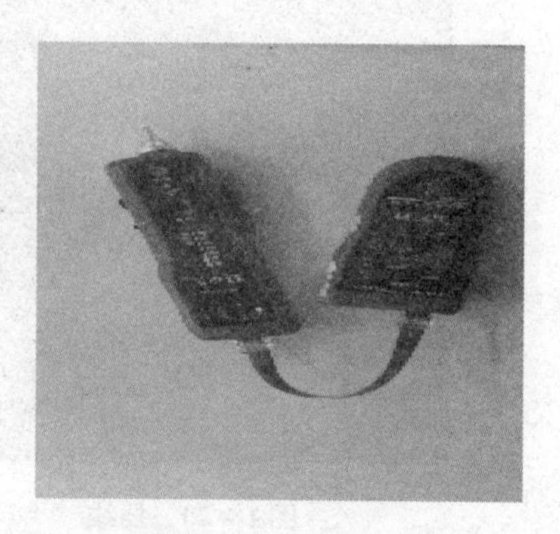

图 1－26　测试网线

网线测试的步骤如下。

（1）测试网线时按图 1－26 所示连接网线，然后打开网线测试仪，观察 LED 指示灯的闪烁情况。

（2）如果测试的网线为直连线，则两侧的 LED 指示

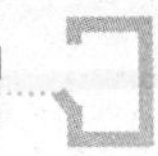

灯闪烁的顺序为1～8，如果有某个LED指示灯不亮，如4灯不亮，则说明按照线序排列的4号铜线制作有问题，其原因可能是水晶头铜片没有压住4号铜线；如果测试的网线为交叉线，若一侧的LED指示灯闪烁的顺序为1～8，另外一侧的LED指示灯则会按照3、6、1、4、5、2、7、8的顺序依次闪烁绿灯。

要注意的是，制作双绞线时要按照以上顺序排列铜线，才能保证网络畅通、速度快，并且网线长度不要超过100 m。

1.5　任务评价

任务1的任务评价见表1－2。

表1－2　任务1的任务评价

项目一　数据通信网络基础认知						
任务1　计算机网络认知与网线的制作						
班级			小组编号			
分数＼姓名 标准						
责任心	10					
知识点掌握	30					
操作步骤规范	10					
团队协作	10					
直连线验证成功	20					
交叉线验证成功	20					

任务2　网络互连框架认知及思科模拟器软件的安装

2.1　任务描述

考官要求小赵介绍网络互连框架涉及的相关知识，然后安装思科模拟器软件，请协助小张完成该项考核。

2.2 相关知识

OSI 参考模型

2.2.1 OSI 参考模型

网络中的计算机之所以能够有条不紊地和其他终端设备通信，是因为每台计算机都遵循既定的规则（或称为协议）进行报文封装、发送，这样的数据能够被中间网络设备和远端设备识别并处理。可想而知，如果网络设备没有可遵循的协议规则，任何形式的通信都将无从谈起。

为了解决网络之间的兼容问题，国际标准化组织于1984 年提出并发布了 OSI 参考模型的概念。OSI 参考模型是一个描述网络层次结构的模型，它描述了网络传输介质信息是如何从一台计算机的应用程序到达另一台计算机的应用程序的。OSI 参考模型可以让用户了解每层模型的功能，更重要的是能让用户了解信息是如何在网络中传递的。OSI 参考模型也是解决各种网络问题所必须掌握的基础内容。国际标准化组织定义的 OSI 参考模型结构如图 2 – 1 所示。在该模型中，网络共分为 7 个层次，分别为物理层、数据链路层（或简称为链路层）、网络层、传输层、会话层、表示层和应用层。

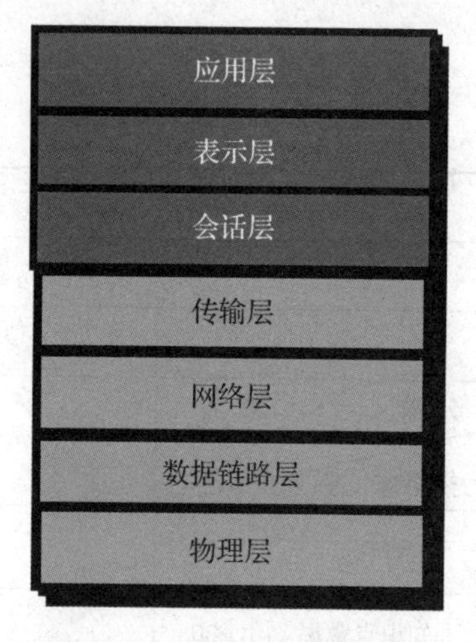

图 2 – 1　OSI 参考模型结构

1. 物理层

物理层是在物用线路上代物的二进制数据位。物理层并不是物理媒体本身，它只是开放系统中利用物理媒体实现物理连接的功能描述和执行连接的规程。物理层提供建立、保持和断开物理连接的机械的、电气的、功能的和过程的条件。简而言之，物理层提供有关同步和全双工比特流在物理媒体上的传输手段，其典型的协议有 RS232C、RS449/422/423、V. 24 和 X. 21、X. 21bis 等。

物理层是 OSI 参考模型的第一层，它虽然处于最底层，但它是整个开放系统的基础。物理层为设备之间的数据通信提供传输媒体及互连设备，为数据传输提供可靠的环境。

物理层的媒体包括架空明线、平衡电缆、光纤、无线信道等。通信互连设备指数据终端设备（Data Teminal Equipment，DTE）和数据通信设备（Data Commnicaions Equipment，DCE）间的互连设备。DTE 又称为物理设备，如计算机等。DCE 则是数据通信设备或电路连接设备，如调制解调器等。数据传输的过程通常是经过 DTE 到 DCE，再经过 DCE 到DTE。互连设备是将 DTE、DCE 连接起来的设备，如各种插头、插座。局域网中的各种粗同轴电缆、细同轴电缆、T 形接头、插头、接收器、发送器、中继器等都属于物理层的媒体和连接器。

物理层的主要功能有以下 3 个方面。

（1）为数据端设备提供传送数据的通路。数据通路可以是一个物理媒体，也可以是由多个物理媒体连接而成的。次完整的数据传输包括激活物理连接、传送数据和终止物理连接。所谓激活，是无论有多少物理媒体参与，数据传输都要在通信的两个 DTE 间形成一条通路。

（2）传输数据。物理层要形成适合数据传输需要的实体，为数据传输服务。既保证数据能在其上正确通过，也要提供足够的带宽（带宽是指每秒内能通过的比特数），以减少信道的拥塞。传输数据的方式能满足点到点、一点到多点、串行或并行、半双工或全双工、同步或异步传输的需要。

（3）完成物理层的管理工作。数据链路层在有差错的物理线路上提供无差错的数据帧传输，数据链路可以粗略地理解为数据通道。物理层为DTE间的数据通信提供传输介质及其连接。传输介质是长期存在的，而DTE间建立的数据连接是有生存期的。在连接生存期内，收、发两端可以进行一次或多次不等的数据通信。收、发两端每次通信都要经过建立通信联络和拆除通信联络两个过程。这种建立起来的数据收发关系即数据链路。在物理媒体上传输的数据不可避免地会受到各种不可靠因素的影响而产生差错，为了弥补数据在物理层上传输的不足，为上层提供无差错的数据传输，就需要数据链路层对数据进行检错和纠错。数据链路的建立、拆除，以及对数据的检错、纠错是数据链路层的基本任务。

2. 数据链路层

数据链路层是为网络层提供数据传送服务的，这种服务要依靠本层具备的功能来实现。数据链路层应具备如下功能。

（1）数据链路连接的建立、拆除和分离。

（2）帧定界和帧同步。数据链路层的数据传输单元是帧，协议不同，帧的长短和界面也有差别，但无论如何数据链路层必须对帧进行定界和同步。

（3）顺序控制，指帧的收发顺序控制。

（4）差错检测和恢复。差错检测多用方阵码校验和循环码校验共同检测信道上传输数据的误码，而帧丢失等用序号检测。各种错误的恢复则常靠反馈重发技术来完成。

独立的数据链路层产品中最常见的当属网卡，网桥也属于数据链路层产品。数据链路层将不可能的传输媒体变成可靠的传输通路，并提供给网络层。在IE8023情况下，数据链路层分成两个子层，一个是逻辑链路控制层，另一个是媒体访问控制层。

3. 网络层

网络层控制通信子网，负责传送源端到目的端的数据包。在连机系统和线路交换环境中，网络层的功能没有太大意义。当数据终端增多时，它们之间有中继设备相连，此时会出现多台DTE之间通信的要求，这就产生了如何把任意两台DTE的数据连接起来的问题，也就是路由或者寻址。另外，当一条物理信道被建立之后，若只被一对用户使用，这时会有许多空闲时间被浪费。人们自然希望让多对用户共用一条链路。为了解决这一问题就出现了逻辑信道技术和虚拟电路技术。

网络层为了建立网络连接和为上层提供服务，应具备以下主要功能。

（1）路由查找选择；

（2）排序、流量控制；

（3）服务选择；

（4）网络管理。

4. 传输层

传输层为用户提供端到端的数据传送服务，传输层的主要功能是保证纠正端到端之间经过下三层传输之后仍然存在的差错，进一步提高传输可靠性。另外，它还通过复用、分段和组合、连接和分离、分流和合流等技术措施，提高吞吐量和服务质量。

传输层是两台计算机经过网络进行数据通信时，第一个端到端的层次，具有缓冲作用。当网络层服务质量不能满足要求时，它将提高服务质量，以满足上层的要求；当网络层服务质量较好时，传输层消耗较少的系统资源即可满足上层的要求。传输层还可以复用，即在一个网络连接上创建多个逻辑连接。传输层也称为运输层，传输层只存在于端开放系统中，是介于低三层和高三层之间的一层，它是很重要的一层，因为它是源端到目的端对数据传送进行控制的最后一层。

世界上各种通信子网在性能上存在很大的差异，例如电话交换网、分组交换网、公用数据交换网、局域网等通信子网都可互连，但它们提供的吞吐量、传输速率和数据延迟、通信费用却各不相同。会话层要求界面性能恒定。传输层采用分流/合流、复用/解复用技术来调节通信子网的上述差异。

此外，传输层还要具备差错恢复、流量控制等功能，以此对会话层屏蔽通信子网在这些方面的差异。传输层面对的数据对象不是网络地址和主机地址，而是会话层的界面端口。上述功能的最终目的是为会话层提供可靠的、无误的数据传输。传输层的完整服务过程一般要经历传输连接建立、数据传送、传输连接释放 3 个阶段。其中，数据传送阶段又分为一般数据传送和加速数据传送两种。

5. 会话层

会话层为用户提供会话连接和控制服务。会话层是会话单位的控制层，其主要功能是按照应用进程之间约定的原则和正确的顺序收、发数据，进行各种形态的对话。会话层规定了会话服务用户间会话连接的建立和拆除规程以及数据传送规程。会话层提供的服务是建立应用和维持会话，并使会话同步。会话层使用的校验点可使通信会话在通信失效时从校验点处恢复。这种能力对于传送容量大的文件是极为重要的。会话层、表示层、应用层构成开放系统的高三层，它面向应用进程提供分布处理、对话管理、信息表示、与语义上下文有关的传送差错的检查和纠正等服务。会话层为了给两个对等会话服务用户建立一个会话连接，应该做以下 3 项工作。

（1）将会话地址映射为运输地址；

（2）传输数据；

（3）释放连接。

6. 表示层

表示层为用户提供数据转换和表示服务，它是数据表示形式的控制层，其主要功能是将应用层提供的信息变换为用户能够共同理解的形式。表示层提供字符代码、数据格式、控制信息格式、加密等统一表示方式。表示层的作用之一是为异种机通信提供一种公共语言，以便能进行互操作。之所以需要这种类型的服务，是因为不同的计算机体系结构使用的数据表示方法不同。例如，IBM 主机使用 EBCDIC 编码，而大部分 PC 使用的是 ASCⅡ码。在这种情况下，计算机便需要表示层来完成数据转换。

通过前面的介绍可以看出，会话层以下4层完成了端到端的数据传送，并且是可靠的、无差错的传送，但是数据传送只是手段而不是目的，最终是要实现用户对数据的使用。各种系统对数据的定义并不完全相同，例如，键盘上的某些按键的含义在许多系统中都有差异，这种差异给利用其他系统的数据造成了障碍。表示层和应用层即负责消除这种障碍的任务。

7. 应用层

应用层是OSI参考模型的最高层，也是最靠近用户的一层，它为计算机用户提供应用接口。应用层的功能是实现应用进程（如用户程序、终端操作员等）之间信息的交换。同时，应用层还具有一系列业务处理所需要的服务功能。应用层一般包括公共应用服务要素（CASE）和特定应用服务要素（SASE）。CASE提供应用进程中最基本的服务，向应用进程提供信息传送所必需的，但又独立于应用进程通信的能力；SASE实质上是各种应用进程在应用层上的映射，每个SASE都针对某一类具体应用，例如文件传送、访问和管理（FTAM）、虚拟终端（VT）、消息处理系统（MHS）、电子数据互换（EDI）等。

应用层向应用程序提供服务，这些服务按应用程序的特性分组，称为服务元素。有些服务元素可被各种应用程序共同使用，有些则被较少的应用程序使用。应用层是开放系统的最高层，是直接为应用进程提供服务的。其作用是在实现多个系统应用进程相互通信的同时，完成一系列处理所需要的服务。

20世纪80年代，几乎所有的专家都认为OSI参考模型将风靡全球，但最终结果却事与愿违。OSI参考模型不能流行的原因之一是OSI参考模型自身的缺陷，大多数人都认为OSI参考模型的层次数量与内容可能是最佳选择，其实并不是这样的。大多数应用很少用到会话层，表示层也几乎是空的，而在数据链路层与网络层中有很多子层插入，每个子层都有不同的功能。OSI参考模型将“服务”与“协议”的定义相结合，变得格外复杂，实现起来更加困难。最终，OSI参考模型因各种自身因素没有成为主流，而TCP/IP则成功主导了Internet的发展。

虽然OSI参考模型没有成为主流的协议标准，但它将网络划分为7个层次，提出了网络层次结构的概念，对互联网及其协议的发展具有启发和借鉴意义。

2.2.2 TCP/IP概述

TCP/IP协议

TCP/IP（Transmission Control Protocol/Internet Protocol，传输控制协议/网际协议）自20世纪70年代诞生以后，因其自身的特点，成功赢得了大量的用户和投资。

TCP/IP的成功促进了Internet的发展，Internet的发展又进一步扩大了TCP/IP的影响，TCP/IP是当今计算机网络中使用最广泛的协议。

TCP/IP是Internet最基本的协议，它是国际互联网络的基础，由网络层的IP和传输层的TCP组成。TCP/IP定义了电子设备连入Internet，以及数据在它们之间传输的标准。

TCP/IP采用了4层的层级结构（有的参考书考虑了物理层，将TCP/IP称为5层结构），每一层都呼叫它的下一层提供协议来完成自己的需求。简言之，TCP负责提供稳定传输的机制，它一旦检测出问题就发出重传信号，直到数据稳定安全地传输到目的地为止。IP是TCP/IP的核心，它为Internet中的每一台网络设备提供一个IP地址，通信的双方通过

IP 地址（源 IP 地址和目的 IP 地址）交换报文。

TCP/IP 是一个协议族，它包括 TCP（Transport Control Protocol，数据控制协议）、IP（Internet Protocol，网际协议）、UDP（User Datagram Protocol，用户数据协议）、ICMP（Internet Control Message Protocol，互联网控制信息协议），TELNET（远程登录协议），FTP（File Transfer Protocol，文件传输协议）、SMTP（Simple Mail Transfer Protocol，简单邮件传输协议）、ARP（Address Resolution Protocol，地址解析协议）、TFTP（Trivial File Transfer Protocol，简单文件传输协议）等诸多协议，这些协议组成了 TCP/IP。

2.2.3 TCP/IP 模型与 OSI 参考模型的比较

与 OSI 参考模型一样，TCP/IP 也分为不同的层次开发，每一层负责不同的通信功能。但是，TCP/IP 简化了层次设计，将原来的 7 层模型合并为 4 层协议的体系结构，自顶向下分别是应用层、传输层、网络层和网络接口层，没有 OSI 参考模型的会话层和表示层。从图 2-2 中可以看出，TCP/IP 模型与 OSI 参考模型有清晰的对应关系，覆盖了 OSI 参考模型的所有层次。应用层包含了 OSI 参考模型的所有高层协议。

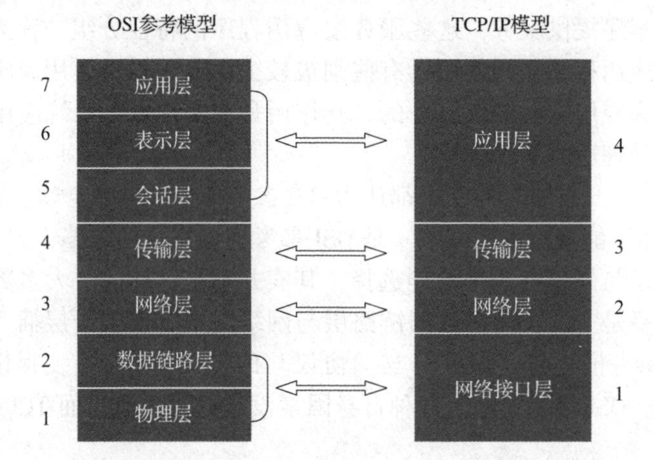

图 2-2 OSI 参考模型和 TCP/IP 模型

1. 两种模型的相同点

（1）都是分层结构，并且工作模式一样，都需要层和层之间很密切的协作关系；有相同的应用层、传输层、网络层。

（2）都使用包交换技术（Packet-Switched）。

2. 两种模型的不同点

（1）TCP/IP 模型把表示层和会话层都归入应用层。

（2）TCP/IP 模型的结构比较简单，因为分层少。

（3）TCP/IP 标准是在 Internet 的不断发展中建立的，基于实践，有很高的信任度。相比较而言，OSI 参考模型是基于理论的，只能作为一种向导。

ARP 地址解析协议

2.2.4 地址解析协议

地址解析协议（Address Resolution Protocol，ARP）是根据 IP 地址获取物理地址的一个

TCP/IP。主机发送信息时将包含目标 IP 地址的 ARP 请求广播到网络上的所有主机，并接收返回消息，以此确定目标的 MAC 地址；收到返回消息后将该 IP 地址和物理地址存入本机 ARP 缓存中并保留一定时间，下次请求时直接查询 ARP 缓存以节约资源。ARP 是建立在网络中各个主机互相信任的基础上的，网络中的主机可以自主发送 ARP 应答消息，其他主机收到应答报文时不检测该报文的真实性就其记入本机 ARP 缓存，由此攻击者就可以向某一主机发送伪 ARP 应答报文，使其发送的信息无法到达预期的主机或到达错误的主机，这就构成了一个 ARP 欺骗。ARP 命令可用于查询本机 ARP 缓存中 IP 地址和 MAC 地址的对应关系、添加或删除静态对应关系等。相关协议有 RARP、代理 ARP。邻居发现协议（Neighbor Discovery Protocol，NDP）用于在 IPv6 中代替 ARP。

1. ARP 的工作过程

（1）PC1 希望将数据发往 PC2，但它不知道 PC2 的 MAC 地址，因此发送了一个 ARP 请求，该请求是一个广播包，向网络中的其他 PC 发出这样的询问："172. 16. 0. 2 的 MAC 地址是什么?"，网络中的其他 PC 都收到了这个广播包，如图 2 – 3 所示。

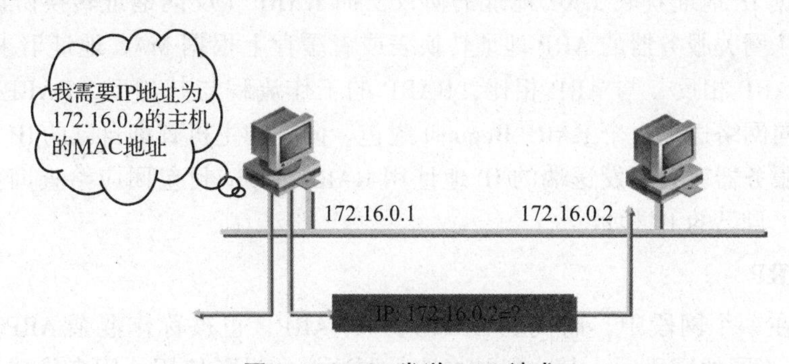

图 2 – 3　PC1 发送 ARP 请求

（2）PC2 看到这个广播包，发现其中的 IP 地址是自己的，于是向 PC1 回复了一个数据包，告诉 PC1：我的 MAC 地址是 00 – aa – 00 – 62 – c6 – 09。PC3 和 PC4 收到广播包后，发现其中的 IP 地址不是自己的，因此保持沉默，不回复数据包。

（3）PC1 知道 PC2 的 MAC 地址后，即可以向 PC2 发送数据。同时 PC1 更新自己的 ARP 缓存，下次再向 PC2 发送信息时，直接从 ARP 缓存中查找 PC2 的 MAC 地址即可，不需要再次发送 ARP 请求。

2. ARP 欺骗

ARP 是建立在网络中各个主机互相信任的基础上的，它的诞生使网络能够更加高效地运行，但其本身也存在缺陷。

ARP 地址转换表是依赖计算机中的高速缓冲存储器动态更新的，而高速缓冲存储器的更新受到更新周期的限制，只保存最近使用的地址的映射关系表项，这使攻击者有了可乘之机，可以在高速缓冲存储器更新表项之前修改 ARP 地址转换表，从而实现攻击。ARP 请求以广播形式发送，网络中的主机可以自主发送 ARP 应答报文，并且当其他主机收到 ARP 应答报文时不会检测该报文的真实性就将其记录在本地的 ARP 地址转换表中，这样攻击者就可以向目标主机发送伪 ARP 应答报文，从而篡改本地的 ARP 地址转换表。ARP 欺骗可以导致目标计算机与网关通信失败，更会导致通信重定向，所有数据都会通过攻击者的计算机，因此存在极大的安全隐患。

3. ARP 命令

ARP 缓存中包含一个或多个 ARP 地址转换表，它们用于存储 IP 地址及其经过解析的 MAC 地址。ARP 命令用于查询本机 ARP 缓存中 IP 地址与 MAC 地址的对应关系、添加或删除静态对应关系等。如果在没有参数的情况下使用，ARP 命令将显示帮助信息。

1）arp -a 或 arp -g

该命令用于查看 ARP 缓存中的所有项目。使用 -a 和 -g 参数的结果是一样的，多年来 -g 一直是 UNIX 系统中用来显示 ARP 缓存中所有项目的选项，而 Windows 系统所用的是 arp -a（-a 可被视为 all，即全部的意思），但它也可以接受比较传统的 -g 选项。

2）arp -d

使用该命令能够人工删除一个静态项目，既在 PC 上删除已有的地址的映射关系表项。

4. RARP

ARP 是根据 IP 地址获取 MAC 地址的协议，而 RARP（反向地址转换协议）是局域网中的物理机器从网关服务器的 ARP 地址转换表或者缓存上根据 MAC 地址请求 IP 地址的协议，其功能与 ARP 相反。与 ARP 相比，RARP 的工作流程与其相反。RARP 的工作流程：查询主机首先向网络送出一个 RARP Request 封包，向别的主机查询自己的 IP 地址。这时网络中的 RARP 服务器就会将发送端的 IP 地址用 RARP Reply 封包回应给查询主机，这样查询主机就获得了自己的 IP 地址。

5. 代理 ARP

ARP 工作在一个网段中，而代理 ARP［Proxy ARP，也被称作混杂 ARP（Promiscuous ARP）］工作在不同的网段间，其一般被像路由器这样的设备使用，用来代替处于另一个网段的主机回答本网段主机的 ARP 请求。

6. NDP

ARP 是 IPv4 中必不可少的协议，但在 IPv6 中不再存在 ARP。在 IPv6 中，ARP 的功能由 NDP 实现，它使用一系列 IPv6 控制信息报文（ICMPv6）实现相邻节点（同一链路上的节点）的交互管理，并在一个子网中保持网络层地址和数据链路层地址之间的映射。NDP 定义了 5 种类型的信息：路由器宣告、路由器请求、路由重定向、邻居请求和邻居宣告。与 ARP 相比，NDP 可以实现路由器发现、前缀发现、参数发现、地址自动配置、地址解析（代替 ARP 和 RARP）、下一跳确定、邻居不可达检测、重复地址检测、路由重定向等更多功能。

2.2.5 域名解析服务

域名系统（Domain Name System，DNS）可以为计算机、服务以及接入互联网或局域网的任何资源提供分层的域名解析服务。DNS 提供了很多功能，其中最主要的功能就是进行域名与 IP 地址之间的解析。在互联网中标记唯一一台计算机的是 IP 地址，通过合法的 IP 地址，用户可以与全世界任何一台主机进行通信。然而在当今计算机如此普及的情况下，以人类现有的智慧与记忆力很难将大量的 IP 地址背诵下来，这时使用域名系统就可以将难以记忆的数字式 IP 地址与容易记忆的域名建立映射关系。用户输入域名，计算机会寻找指

定的 DNS 服务器，请求 DNS 服务器帮助解析该域名对应的 IP 地址，成功解析后，用户将获得该域名对应的真实 IP 地址，然后使用该 IP 地址与对方通信。

域名是分级的，其格式一般为“主机名．三级域名．二级域名．顶级域名．”。注意，最后一个点代表的是根域，是所有域名的起点。域名有点像美国人的姓名，姓在后，名在前，而域名中最后的点则是根，其次是根下的顶级域名，然后是二级域名等。例如，百度网站的域名为 www. baidu. com，其代表根域下有 com 子域，com 子域下有 baidu 子域，baidu 子域下有主机 www。注意，一般情况下，通过浏览器输入网址域名时，最后一个根域（.）是不需要输入的。一般顶级域名代表国家或者组织形式，如 cn 代表中国，com 代表商业公司，edu 代表教育机构等；二级域名代表组织或者公司名称；三级域名代表组织或者公司内部的主机名称。最后通过完全合格的域名（FQDN）可以定位全球唯一的一台主机。这种分层管理机制的优势在于根域服务器不需要管理全世界所有的域名信息，它只需要管理顶级域名信息即可，而顶级域名服务器只需要管理二级域名信息即可，依此类推，实现分层管理，这类似国家的行政管理机制。

2.2.6　思科模拟器介绍

Packet Trace 是一个非常强大的思科模拟器，它是针对 CCNA 认证开发的一个用来设计、配置和排除网络故障模拟器软件，它操作简单，非常适合网络设备初学者使用。

Packet Trace 6.2 软件界面如图 2－4 所示，它包括菜单栏、工具栏、选择工具、注释工具、删除工具、绘图工具、查看工具、工作区、网络设备区等。

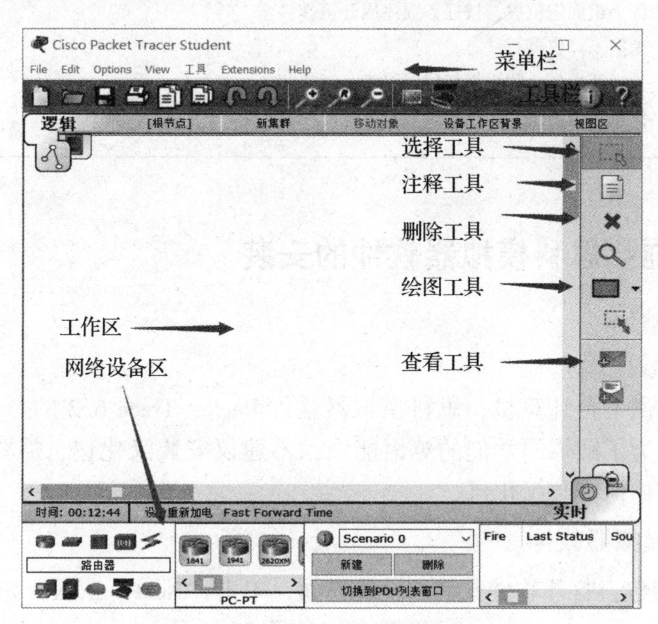

图 2－4　Packet Trace 6.2 软件界面

2.3　任务单

任务 2 的任务单见表 2－1。

表 2－1　任务 2 的任务单

项目一	数据通信网络基础的认知				
工作任务	任务 2　网络互连框架认知及思科模拟器软件的安装			课时	
班级		小组编号		组长姓名	
成员名单					
任务描述	根据实验要求，完成思科模拟器软件的安装并熟悉软件界面				
工具材料	计算机（1 台）、思科模拟器软件				
工作内容	1. 安装思科模拟器软件 （1）根据已给的软件安装包，正确地安装软件； （2）感兴趣的同学可以研究如何安装汉化包。 2. 熟悉思科模拟器软件界面 （1）根据要求，熟悉软件的菜单栏、工作区； （2）根据要求，熟悉软件的各种网络设备和线缆； （3）根据要求，熟悉软件的常用工具				
注意事项	（1）遵守机房的工作和管理制度； （2）注意用电安全，谨防触电； （3）各小组固定位置，按任务顺序展开工作； （4）爱护工具仪器； （5）按规范操作，防止损坏仪器仪表； （6）保持环境卫生，不乱扔废弃物				

2.4　任务实施：思科模拟器软件的安装

思科模拟器软件的安装与认知

1. 任务准备

本任务中，提供 1 台计算机，思科模拟器软件 Packet Trace 6.2 的安装包、汉化包。为了锻炼同学们的英语能力，不建议安装汉化包，需要安装汉化包的同学，可以自行研究如何安装汉化包。

2. 安装思科模拟器软件

（1）双击安装包，打开软件安装和设置界面，单击“Next”按钮，如图 2－5 所示。

（2）选择“I accept the agreement”选项，如图 2－6 所示。

（3）设置保存软件的路径，可以将软件存放到其他文件夹或者磁盘中，如图 2－7 所示。

（4）相关设置完成后，即可进行彻底的安装过程，如图 2－8 所示。

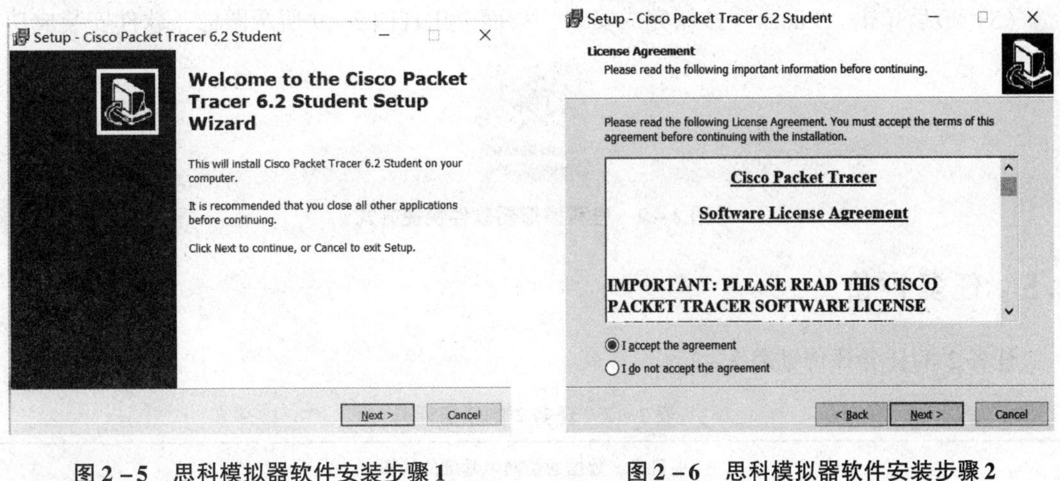

图 2 –5　思科模拟器软件安装步骤 1　　图 2 –6　思科模拟器软件安装步骤 2

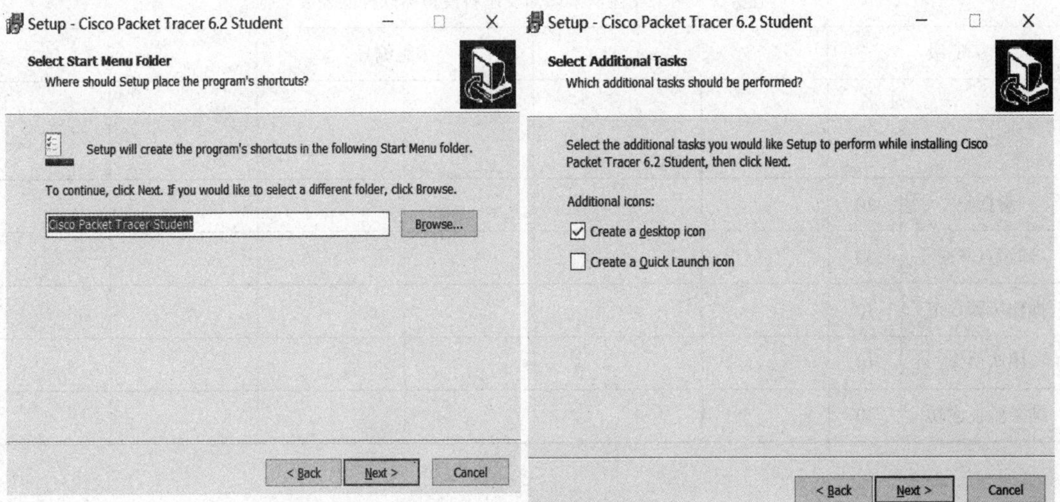

图 2 –7　思科模拟器软件安装步骤 3

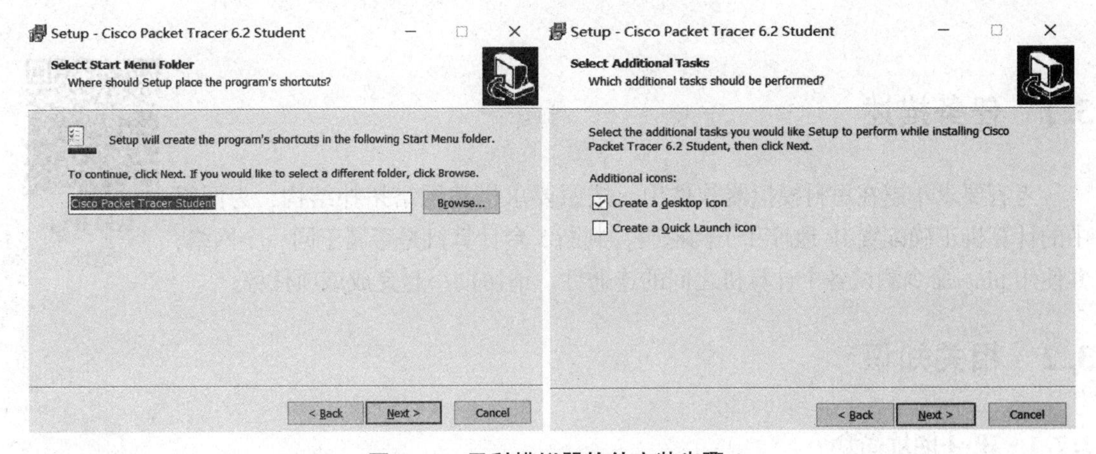

图 2 –8　思科模拟器软件安装步骤 4

（5）最后单击“Finish”按钮完成安装，桌面上出现图2－9所示图标，软件安装成功。

图2－9　思科模拟器软件快捷方式

2.5　任务评价

任务2的任务评价见表2－2。

表2－2　任务2的任务评分

<table>
<tr><td colspan="8">项目一　数据通信网络基础的认知</td></tr>
<tr><td colspan="8">任务2　网络互连框架认知及思科模拟器软件的安装</td></tr>
<tr><td colspan="2">班级</td><td colspan="2"></td><td colspan="2">小组编号</td><td colspan="2"></td></tr>
<tr><td colspan="2">分数　姓名
标准</td><td></td><td></td><td></td><td></td><td></td><td></td></tr>
<tr><td>责任心</td><td>10</td><td></td><td></td><td></td><td></td><td></td><td></td></tr>
<tr><td>知识点掌握</td><td>30</td><td></td><td></td><td></td><td></td><td></td><td></td></tr>
<tr><td>操作步骤规范</td><td>10</td><td></td><td></td><td></td><td></td><td></td><td></td></tr>
<tr><td>团队协作</td><td>10</td><td></td><td></td><td></td><td></td><td></td><td></td></tr>
<tr><td>结果验证成功</td><td>40</td><td></td><td></td><td></td><td></td><td></td><td></td></tr>
</table>

任务3　IP地址的规划

3.1　任务描述

认知 IPv4 地址

考官要求小赵在思科模拟器软件中，按照要求搭建网络拓扑结构，为网络中的计算机正确配置IP地址和子网掩码，判断5台计算机是否属于同一个网络，并使用ping命令测试各个计算机之间的连通性。请协助小赵完成该项任务。

3.2　相关知识

3.2.1　IPv4地址简介

每台连网的计算机都需要有全局唯一的IP地址才能实现正常通信。可以把计算机比作

一台电话，那么IP地址就相当于电话号码，通过拨打电话号码可实现与对端的通信。

IP地址由32位二进制数构成，为了方便书写及记忆，一个IP地址通常采用0~255的4个十进制数表示，数之间用句点分开。这些十进制数中的每一个都代表32位IP地址的其中8位，即所谓的8位位组，称为点分十进制。

为了清晰地区分各个网段，对IP地址采用结构化分层方案。IP地址的结构化分层方案将IP地址分为网络部分和主机部分。IP地址的网络部分称为网络地址，网络地址用于唯一地标识一个网段，或者若干网段的聚合，同一网段中的网络设备有同样的网络地址。IP地址的主机部分称为主机地址，主机地址用于唯一地标识同一网段内的网络设备。

IP地址采用结构化分层设计后，每一台第三层网络设备就不必储存每一台主机的IP地址，而是储存每一个网段的网络地址（网络地址代表了该网段内的所有主机），大大减少了路由表条目，增加了路由的灵活性。

区分网络部分和主机部分需要借助地址掩码（Mask）。网络部分是IP地址掩码前面的连续二进制“1”位，主机部分是IP地址掩码后面的连续二进制“0”位。

3.2.2　IPv4地址分类

按照原来的定义，IP寻址标准并没有提供地址类，为了便于管理后来加入了地址类的定义。地址类将地址空间分解为数量有限的特大型网络（A类）、数量较多的中等网络（B类）和数量非常多的小型网络（C类）。另外，人们还定义了特殊的地址类，包括D类（用于多点传送）和E类（通常指试验或研究类）。

（1）A类地址：8位分配给网络地址，24位分配给主机地址。如果第1个8位位组中的最高位是0，则地址是A类地址。A类地址的范围是1.0.0.0 ~126.0.0.0。这对应于0 ~127的可能的8位位组。在这些地址中，0和127具有保留功能，所以实际的范围是1~126。A类地址中仅有126个可以使用，因为仅为网络地址保留了8位，第1位必须是“0”。

然而，主机地址可以有24位，所以每个网络可以有16 777 214个主机。

（2）B类地址：16位分配给网络地址，16位分配给主机地址，一个B类地址可以用第1个8位位组的头两位为“10”来识别。其对应的十进制数为128~191。既然头两位已经预先定义，则实际上为网络地址留下14位，所以可能的组合产生了16 384个网络，每个网络包含65 534个主机。

（3）C类地址：24位分配给网络地址，8位分配给主机地址。C类地址的第1个8位位组的头3位为“110”，其对应的十进制数为192~223。在C类地址中，仅最后的8位位组用于主机地址，这限制了每个网络最多有254个主机。既然网络编号有21位可以使用（头3位已经预先设置为110），则共有2 097 152个可能的网络。

（4）D类地址：第1个8位位组以“1110”开始，其对应的十进制数为224~239。这些地址并不用于标准的IP地址。相反，D类地址指一组主机，它们作为多点传送小组的成员而注册。多点传送小组和电子邮件分配列表类似。正如可以使用分配列表名单将一个消息发布给一群人一样，可以通过多点传送地址将数据发送给一些主机。多点传送需要特殊的路由配置，在默认情况下它不会转发。

（5）E类地址：如果第1个8位位组的前4位都设置为“1111”，则该地址是一个E类地址。E类地址的范围为240~254，E类地址并不用于传统的IP地址，有时候用于试验或研究。

在互联网中，经常使用的 IP 地址类型是 A 类、B 类和 C 类。

3.2.3 保留的 IP 地址

IP 地址用于唯一地标识一台网络设备，但并不是每一个 IP 地址都是可用的，一些特殊的 IP 地址有其特殊的用途，不能用于标识网络设备。

（1）主机地址全为“0”的 IP 地址，称为网络地址（注意与 IP 地址的网络部分区别），网络地址用来标识一个网段，例如 A 类地址 1.0.0.0，私有地址 10.0.0.0、192.168.1.0 等。

（2）主机地址全为“1”的 IP 地址，称为网段广播地址，网段广播地址用于标识一个网络中的所有主机，例如 10.255.255.255、192.168.1.255 等。路由器可以在 10.0.0.0 或者 192.168.1.0 等网段转发广播包。网段广播地址用于向本网段中的所有节点发送数据包。

（3）网络部分为 127 的 IP 地址，例如 127.0.0.1，往往用于环路测试。

（4）全“0”的 IP 地址（0.0.0.0）代表临时通信地址（也可以表示默认路由）。

（5）全“1”的 IP 地址（255.255.255.255）是广播地址，代表所有主机，用于向网络中的所有节点发送数据包。广播地址不能被路由器转发。

3.2.4 子网掩码

IP 地址在没有相关的子网掩码的情况下是没有意义的。

网络设备使用子网掩码（Subnet Masking）决定 IP 地址中哪部分为网络部分，哪部分为主机部分。

子网掩码使用与 IP 地址相同的格式。子网掩码的网络部分和子网部分全是“1”，主机部分全是“0”。在缺省状态下，如果没有进行子网划分，A 类网络的子网掩码为 255.0.0.0，B 类网络的子网掩码为 255.255.0.0，C 类网络子网掩码为 255.255.255.0。利用子网掩码，IP 地址的使用更加有效。对外仍为一个网络，对内部则分为不同的子网。

划分子网其实就是将原来 IP 地址中的主机部分借位作为子网部分来使用，目前规定必须从左向右连续借位，即子网掩码中的“1”和“0”必须是连续的。

3.2.5 IP 地址的计算

IPv4 子网划分

图 3－1 所示为 IP 地址的计算实例。对于给定的 IP 地址和子网掩码，要求计算该 IP 地址所处的子网网络地址、子网广播地址及可用 IP 地址范围，步骤如下。

	172	16	2	160	
172.16.2.160	10101100	00010000	00000010	10100000	IP地址 ❶
255.255.255.192	11111111	11111111	11111111	11000000	子网掩码 ❷
172.16.2.128	10101100	00010000	00000010	10000000	子网的网络地址 ❹
172.16.2.191	10101100	00010000	00000010	10111111	子网的广播地址
172.16.2.129	10101100	00010000	00000010	10000001	起始IP地址 ❻
172.16.2.190	10101100	00010000	00000010	10111110	结束IP地址 ❼

图 3－1 IP 地址的计算实例

（1）将IP地址转换为二进制表示。

（2）将子网掩码转换为二进制表示。

（3）在子网掩码的“1”与“0”之间划一条竖线，竖线左边即网络部分（包括子网部分），竖线右边即主机部分。

（4）将主机部分全部置“0”，网络部分照写就是子网的网络地址。

（5）将主机部分全部置“1”，网络部分照写就是子网的广播地址。

（6）介于子网的网络地址与子网的广播地址之间的即子网内可用IP地址范围。

（7）将前3段网络地址写全。

（8）将网络地址转换成十进制表示形式。

3.3　任务单

任务3的任务单见表3－1。

表3－1　任务3的任务单

<table>
<tr><td>项目一</td><td colspan="6">数据通信网络基础的认知</td></tr>
<tr><td>工作任务</td><td colspan="4">任务3　IP地址的规划</td><td>课时</td><td></td></tr>
<tr><td>班级</td><td></td><td>小组编号</td><td></td><td>组长姓名</td><td colspan="2"></td></tr>
<tr><td>成员名单</td><td colspan="6"></td></tr>
<tr><td>任务描述</td><td colspan="6">根据实验要求，搭建网络拓扑结构，并对网络中计算机的IP地址进行规划</td></tr>
<tr><td>工具材料</td><td colspan="6">计算机（1台）、思科模拟器软件</td></tr>
<tr><td>工作内容</td><td colspan="6">（1）按照网络拓扑结构组建网络；
（2）正确配置IP地址；
（3）正确配置子网掩码；
（4）判断5台计算机是否在同一个网络中；
（5）用ping命令测试各计算机之间的连通性</td></tr>
<tr><td>注意事项</td><td colspan="6">（1）遵守机房的工作和管理制度；
（2）注意用电安全，谨防触电；
（3）各小组固定位置，按任务顺序展开工作；
（4）爱护工具仪器；
（5）按规范操作，防止损坏仪器仪表；
（6）保持环境卫生，不乱扔废弃物</td></tr>
</table>

3.4　任务实施：IP子网的划分

1. 任务准备

某企业共有3个部门，分别是财务部、销售部和技术部。该企业从网络管理中心获得一个 C 类 IP 地址 192.168.10.0，假定网络拓扑中 PC1 属于财务部，PC2 和 PC3 属于销售部，PC4 和 PC5 属于技术部。按照网络拓扑结构，在思科模拟器软件中搭建正确的网络拓扑结构，根据要求正确配置 IP 地址和子网掩码，根据要求验证各计算机是否属于同一个网络，并使用 ping 命令测试各计算机之间的连通性。

2. 任务实施步骤

（1）按照网络拓扑结构（图 3－2）组建局域网。

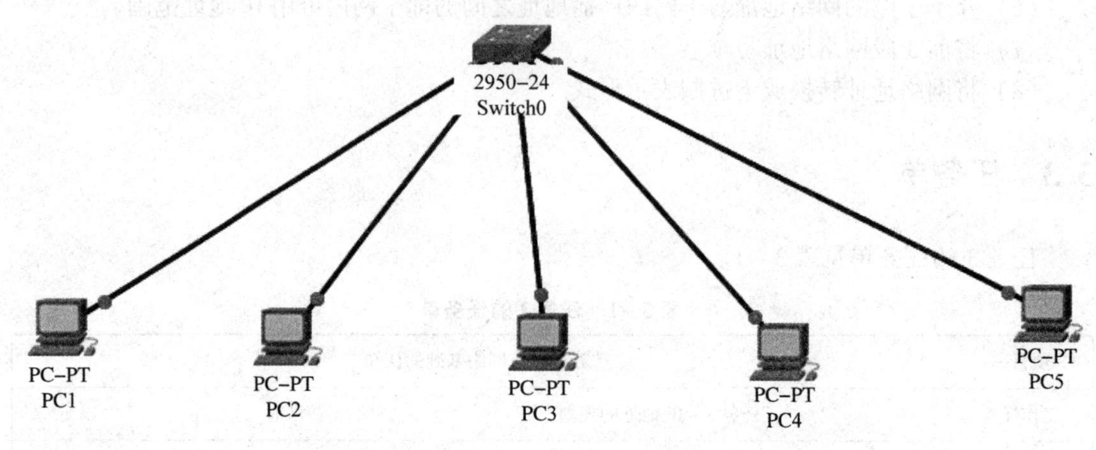

图 3－2　网络拓扑结构

（2）按照表 3－2 中的 IP 地址和子网掩码，计算网络地址，并配置 5 台计算机的 IP 地址和子网掩码。

表 3－2　网络地址分配表

计算机	IP 地址	子网掩码	网络地址
PC1	192.168.10.10	255.255.255.0	
PC2	192.168.10.20	255.255.255.0	
PC3	192.168.10.30	255.255.255.0	
PC4	192.168.10.40	255.255.255.0	
PC5	192.168.10.40	255.255.255.0	

（3）判断 5 台计算机是否属于同一个网络。

（4）使用 ping 命令测试各计算机之间的连通性。

（5）根据测试结果，将各计算机之间的连通性结构填入表 3－3。

表 3－3　测试结果表

计算机	PC1	PC2	PC3	PC4	PC5
PC1	—				
PC2		—			

续表

计算机	PC1	PC2	PC3	PC4	PC5
PC3			—		
PC4				—	
PC5					—

3.5　任务评价

任务 3 的任务评价见表 3－4。

表 3－4　任务 3 的任务评价

<table>
<tr><td colspan="8">项目一　数据通信网络基础的认知</td></tr>
<tr><td colspan="8">任务 3　IP 地址的规划</td></tr>
<tr><td colspan="2">班级</td><td colspan="2"></td><td colspan="2">小组编号</td><td colspan="2"></td></tr>
<tr><td colspan="2">分数　姓名
标准</td><td></td><td></td><td></td><td></td><td></td><td></td></tr>
<tr><td>责任心</td><td>10</td><td></td><td></td><td></td><td></td><td></td><td></td></tr>
<tr><td>知识点掌握</td><td>30</td><td></td><td></td><td></td><td></td><td></td><td></td></tr>
<tr><td>操作步骤规范</td><td>10</td><td></td><td></td><td></td><td></td><td></td><td></td></tr>
<tr><td>团队协作</td><td>10</td><td></td><td></td><td></td><td></td><td></td><td></td></tr>
<tr><td>结果验证成功</td><td>40</td><td></td><td></td><td></td><td></td><td></td><td></td></tr>
</table>

拓展案例

验证同一主机之间的连通性

1. 同一网段计算机之间的连通性

两台计算机通过一台交换机相连。计算机 PC0 的 IP 地址为 192.168.1.100，子网掩码为 255.255.255.0。计算机 PC1 的 IP 地址为 192.168.1.99，子网掩码为 255.255.255.0。通过网络拓扑结构（图 3－3）进一步熟悉思科模拟器软件的基本操作界面，在网络拓扑结构搭建成功后，学习 ipconfig 命令和 ping 命令的使用方法。

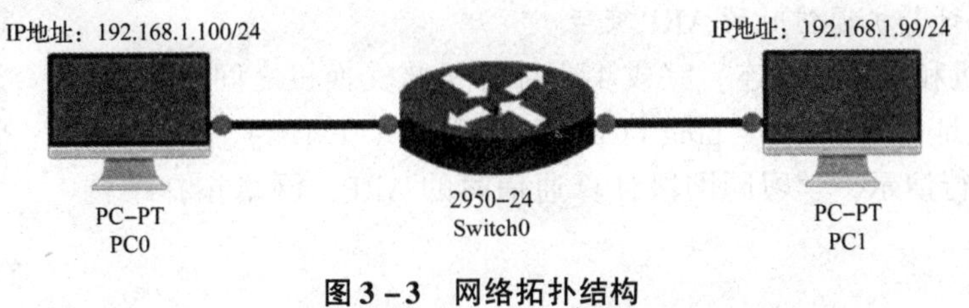

图 3－3　网络拓扑结构

配置步骤如下。

（1）设置 PC0 的 IP 地址，如图 3－4 所示。

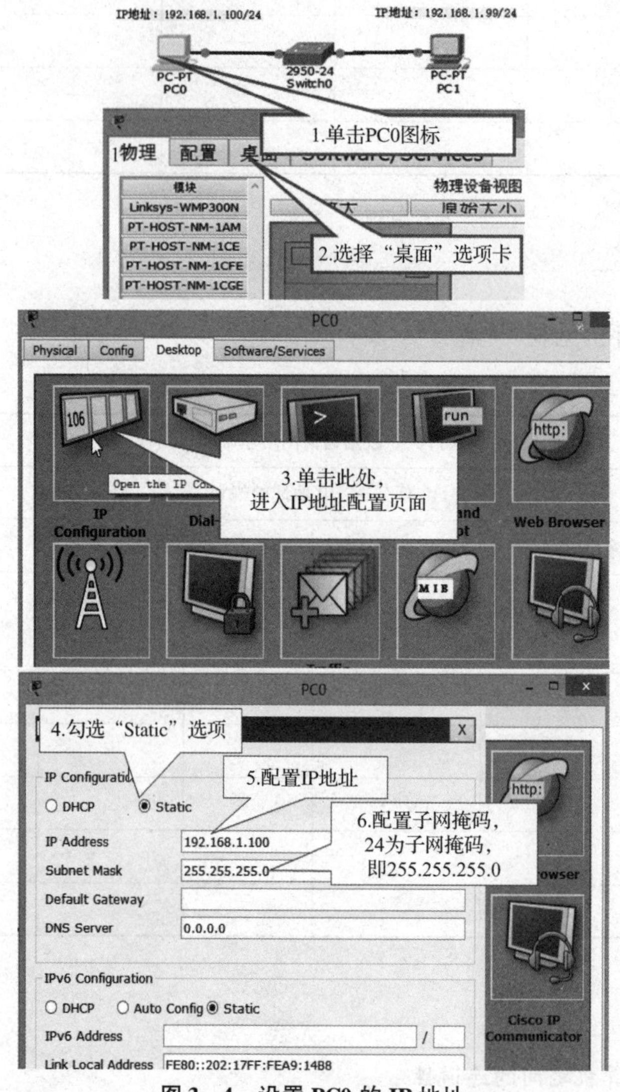

图 3－4　设置 PC0 的 IP 地址

（2）设置 PC1 的 IP 地址，如图 3－5 所示。

（3）验证。需要使用“ipconfig/all”和“ping x. x. x. x/x － n 1000”命令进行验证。以 PC0 为例，操作如图 3－6 所示。用“ipconfig/all”命令查看当前 IP 地址配置情况，如图 3－7 所示。

2. 同网段计算机通信时的 ARP 交互

4 台计算机和交换机相连。完成 4 台计算机与交换机之间的连接，以 PCA（IP 地址为 1. 1. 1. 1）ping PCB（IP 地址为 1. 1. 1. 2）为例，按照配置步骤进行演示，学习同网段计算通信时的 ARP，网络拓扑结构如图 3－8 所示。

同网段计算机通信时的 ARP 协议交互

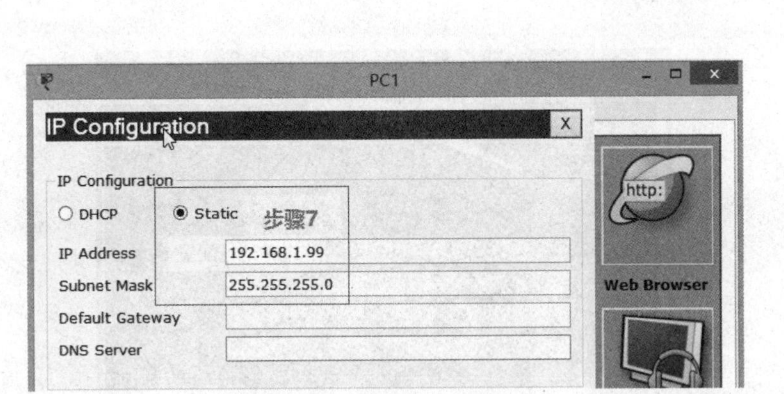

图 3－5　设置 PC1 的 IP 地址

图 3－6　验证步骤

配置步骤如下。

（1）配置各个计算机的 IP 地址。

（2）打开 PCA（IP 地址为 1. 1. 1. 1/8）和 PCB（IP 地址为 1. 1. 1. 2/8）的命令窗口，均用"arp-a"命令确认 ARP 地址转换表的当前情况，正常情况下显示"No ARP Entries Found"。

（3）在 PCA（IP 地址为 1. 1. 1. 1/8）的命令窗口，输入"ping1. 1. 1. 2-n100"。这时 PCA 首先需要解析 PCB 的 IP 地址对应的 MAC 地址，其过程见微课视频。

（4）验证方法：在 PCA 上先用组合键"Ctrl + C"中断 ping 命令，再用"arp-a"命令可以看到 1. 1. 1. 2 对应的 MAC 地址映射信息，如图 3－9 所示。

可以看出，同网段计算机间通信时，初始时使用 ARP 解析目的主机 IP 地址对应的 MAC 地址映射信息，并将其添加在自己的 ARP 地址转换表里。在 PCA 上"输入 ping 1. 1. 1. 2-n 100"，可以观察到 ping 程序使用 ICMP 报文进行反复交互，如图 3－10 所示。

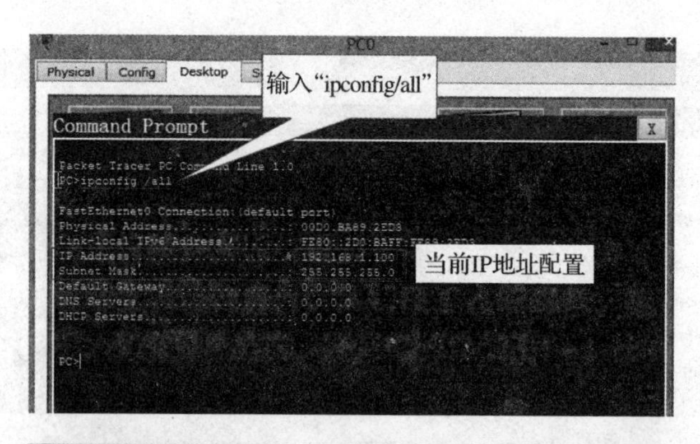

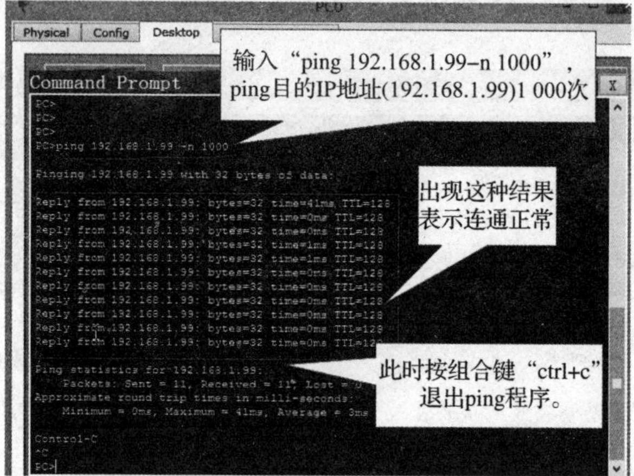

图 3-7　看当前 IP 地址配置情况

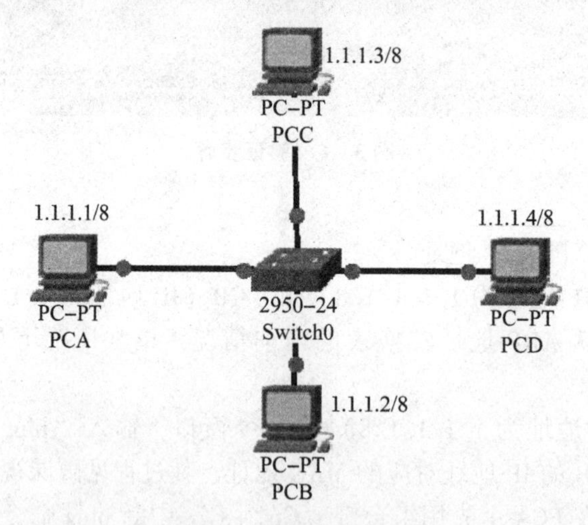

图 3-8　网络拓扑结构

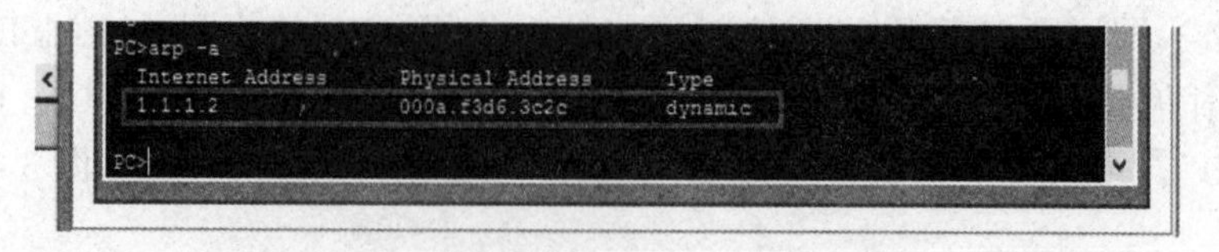
```
PC>arp -a
  Internet Address      Physical Address      Type
  1.1.1.2               000a.f3d6.3c2c        dynamic

PC>
```

图 3-9　查看 MAC 地址映射信息

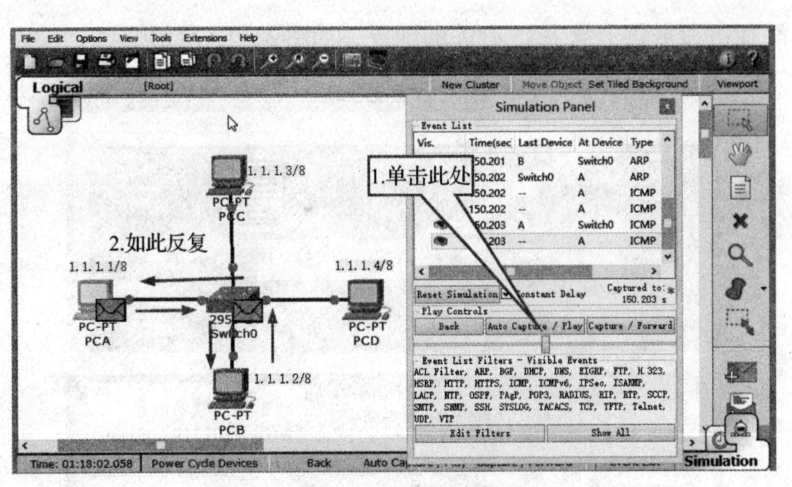

图 3－10　验证结果

3. 设置 DNS 服务器和 HTTP 服务器模拟计算机打开网页

通过 1 台交换机、3 台计算机、1 台 DNS 服务器和 1 台 HTTP 服务器，加深对 DNS 协议的理解。网络拓扑结构如图 3－11 所示。

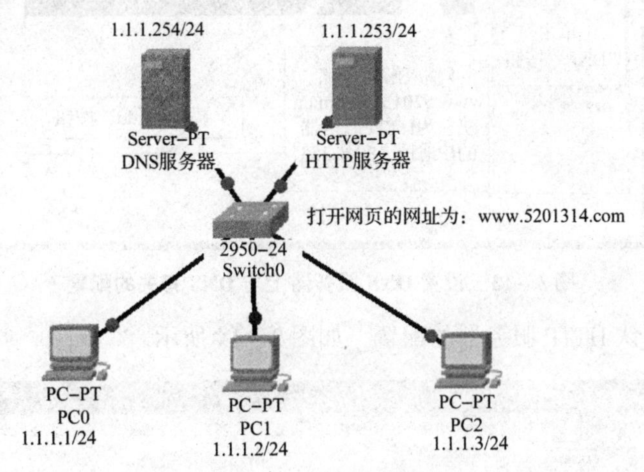

图 3－11　网络拓扑结构

配置步骤如下。

（1）配置计算机及 DNS 服务器的 IP 地址，如图 3－12 所示。

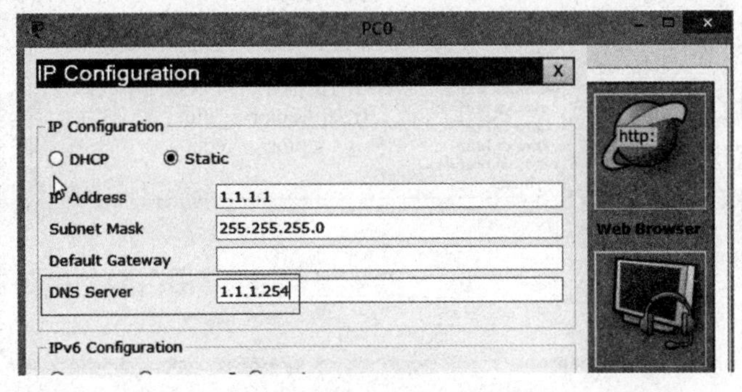

图 3－12　配置计算机及 DNS 服务器的 IP 地址

（2）设置 DNS 服务器上与 DNS 有关的配置，如图 3－13 所示。

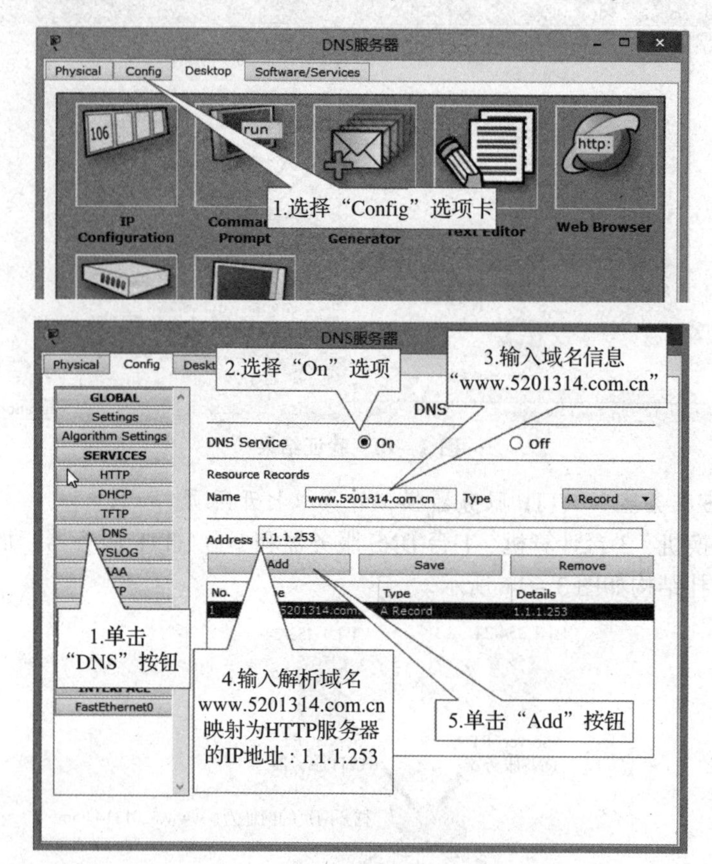

图 3－13　设置 DNS 服务器上与 DNS 有关的配置

（3）查看并确认 HTTP 服务器的配置，如图 3－14 所示。

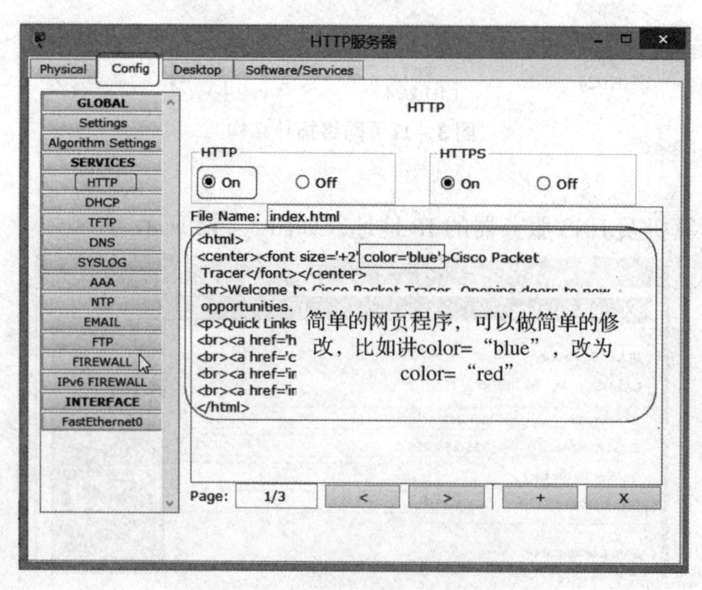

图 3－14　HTTP 服务器的配置

（4）验证。在计算机上打开浏览器，输入“www. 5201314. com. cn”进行演示，如图 3－15 所示。

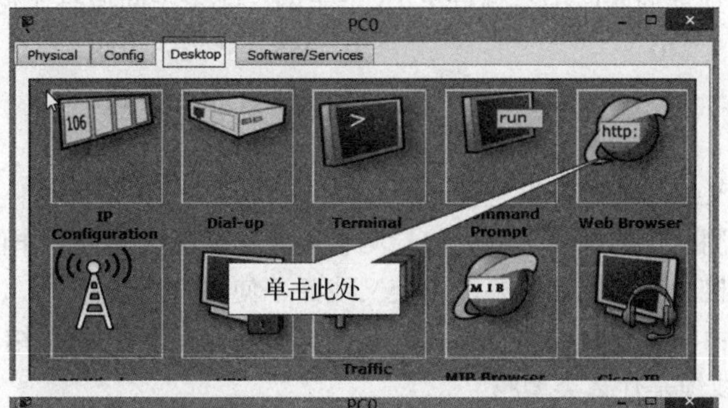

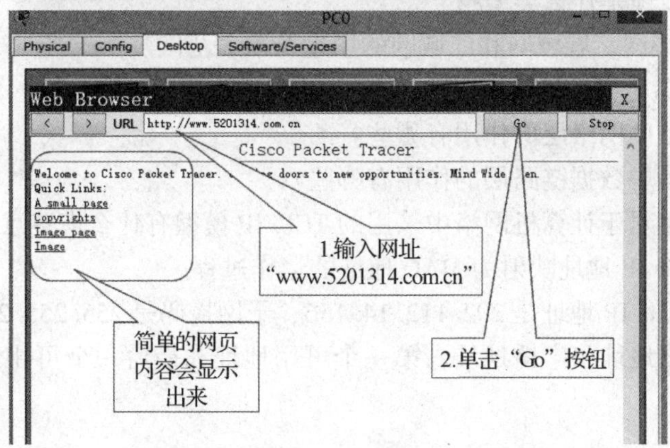

图 3－15　验证

思考与练习

一、选择题

1. 国际上负责分配 IP 地址的专业组织划分了几个网段作为私有网段，可以供人们在私有网络上自由分配使用，以下不属于私有地址的网段是（　　）。

A. 10. 0. 0. 0/8　　B. 172. 16. 0. 0/12

C. 192. 168. 0. 0/16　　D. 224. 0. 0. 0/8

2. 下面可能出现在公网中的 IP 地址是（　　）。

A. 10. 62. 31. 5　　B. 172. 60. 31. 5

C. 172. 16. 10. 1　　D. 192. 168. 100. 1

3. 10. 254. 255. 19/255. 255. 255. 248 的广播地址是（　　）。

A. 10. 254. 255. 23　　B. 10. 254. 255. 255

C. 10. 254. 255. 16　　D. 10. 254. 0. 255

4. 下列说法中正确的是（　　）。

A. 主机部分的二进制数全为“0”的 IP 地址，称为网络地址，网络地址用来标识一个网段

B. 主机部分的二进制数全为“1”的 IP 地址，称为网段广播地址

C. 主机部分的二进制数全为“1”的 IP 地址，称为主机地址

D. 网络部分为 127 的 IP 地址，例如 127.0.0.1 往往用于环路测试

5. 在一个 C 类地址的网段中要划分出 15 个子网，哪个子网掩码比较适合？(　　)

A. 255.255.255.240　　　　B. 255.255.255.248

C. 255.255.255.0　　　　D. 255.255.255.128

二、思考题

1. 直连线和交叉线的线序标准是什么？

2. 在没有网线测试仪的条件下将如何检测直连线和交叉线是否制作正确？

3. 为什么计算机和路由器相连要使用交叉线而不使用直连线？

4. 交换机和路由器相连时使用直连线还是交叉线？还能罗列和总结出其他常见网络设备互连时所使用的线缆是什么类型吗？

5. 分别阐述局域网、城域网和广域网的用途及覆盖范围。

6. 请描述 OSI 参考模型的结构。

7. OSI 参考模型中网络层的作用有哪些？

8. OSI 参考模型中数据链路层的作用有哪些？

9. OSI 参考模型对于计算机网络中采用的 TCP/IP 模型有什么借鉴意义？

10. 简述 ARP 将 IP 地址映射为 MAC 地址的运作过程。

11. 一台计算机的 IP 地址是 202.112.14.156，子网掩码是 255.255.255.240，计算该计算机所在网络的网络地址和广播地址、第一个可用地址和最后一个可用地址，以及该子网可用的主机地址。

项目二

网络设备的认知与配置

背景描述

小赵为某公司负责公司内部网络设备的实习员工，部门负责人要求小赵了解公司的网络设备，使用现有的设备制作馈线接头，并对交换机和路由器进行基本操作，以考察他对局域网常见设备的基本操作、线缆及接口的掌握情况。请协助小赵完成此项考核。

学习目标

学习目标1：了解局域网中常见的网络通信设备、网络线缆及接口，掌握馈线接头的制作方法。

学习目标2：掌握交换机的基础知识、基本配置方法以及基本工作原理。

学习目标3：掌握路由器的基本配置方法，了解路由器的基本工作原理。

任务分解

任务4：局域网中常见的网络设备、网络线缆及接口

任务5：交换机的认知与操作

任务6：路由器的认知与操作

任务4　局域网中常见的网络设备、网络线缆及接口

4.1　任务描述

小赵是某公司负责公司内部网络设备的实习员工，部门负责人为了考核小赵对常见的网络设备、网络线缆及接口的掌握情况，让小赵制作馈线接头，请协助小赵完成此项任务。

4.2　相关知识

4.2.1　常见的网络设备

网络设备及部件是连接到网络中的物理设备。网络设备的种类繁多，基本的网络设备有计算机、服务器、中继器、集线器、交换机、路由器、光纤、光模块等。其中，集线器、交换机和路由器用于控制网络流量和保证网络数据传输质量，属于网络通信设备。

1. 集线器

集线器是一种特殊的中继器，是局域网中使用的连接设备，它具有多个端口，可连接多台计算机。集线器一般应用于OSI参考模型的第一层，即物理层，如图4－1所示。网络中由集线器组建的以太网实质是一种共享式以太网，存在共享式以太网的所有缺陷：冲突严重、广播泛滥、无任何安全性。

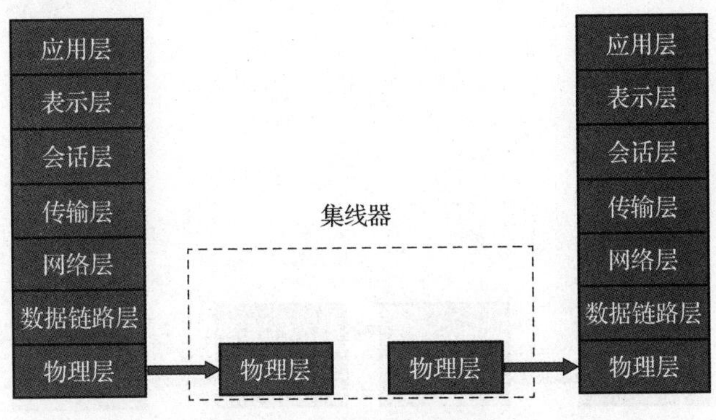

图4－1　集线器的工作模式

集线器的作用是把网络中的设备连接起来，对接收到的信号进行再次整形放大，以扩大网络的传输距离。集线器并不是智能的，因为它不会过滤任何数据，也没有识别将数据发送到何处的任何功能。集线器能辨别的仅是端口上是否连接了设备，所以当数据包到达其中一个端口时，它就把数据包复制到所有其他端口，所以集线器上连接的所有设备都可以收到数据包。

因此，集线器发送数据时都是没有针对性的，不是直接把数据发送到目的节点，而是把数据包广播发送到与集线器相连的所有节点，这样就很容易造成网络带宽的浪费。

2. 交换机

交换机和集线器非常相似，提供了大量可供网络线缆连接的端口，但是交换机比集线器智能，它能学习与每一端口相连的网络设备的MAC地址，并将地址同相应的端口映射起来存放在缓存的MAC地址表中。因此当一个数据包发送到交换机上，并且这个数据包的目的地址在MAC地址表中有映射时，交换机将它转发到连接目的节点的端口而不是所有端口，而不是像集线器那样把数据包广播到所有端口。

交换机按体积大小及转发效率一般可分为盒式交换机、机架式交换机、框式交换机和柜式交换机；按网络层级可分为接入交换机、汇聚交换机和核心交换机。其中，接入交换机一般使用盒式交换机，汇聚交换机、核心交换机一般使用框式交换机。盒式交换机的尺寸较小，整机是一个独立整体，主控板和业务单板集成在一起，因功耗、环境等因素，整机没有风扇模块和防尘网，一般被用于小型办公网络中，安装过程简单。机架式交换机硬件分为主控板、电源板、风扇模块和防尘网，其中主控板和业务单元板集成在一块电路板中，主控板一般不可拔插且为单配，整机高度一般为 1 U（1 U = 44.5 mm），可安装于标准机柜中。柜式交换机硬件分为主控板、线卡板（又称业务单元板）、电源板、风扇模块。

交换机按报文寻址转发模式可分为二层交换机和三层交换机。大部分交换机工作在数据链路（二层），通过维护和查找 MAC 地址表实现报文的快速转发。二层交换机带来了以太网技术的重大飞跃，彻底解决了困扰以太网的冲突问题，极大地改进了以太网的性能。二层交换机存在如下缺点：广播泛滥、安全性无法得到有效的保证。其中广播泛滥是二层交换机的主要缺点。二层交换机的工作模式如图 4-2 所示。路由交换机是同时具备二层交换机和三层交换机功能的交换机。路由交换机的二层和三层功能是通过硬件和软件结合的方式实现的，即基于路由寻址查找网络的出口和下一跳，从而实现报文转发。三层交换机在硬件设计和实现上比二层交换机复杂，成本更高。

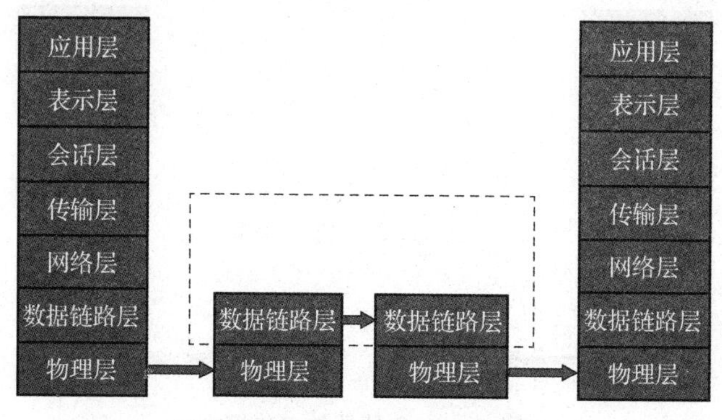

图 4-2　二层交换机的工作模式

3. 集线器与交换机的区别

集线器交换机
路由器的区别

集线器是一种共享设备，本身不能识别目的地址，只检测物理上连接到它的设备，集线器上所有的设备共用一个带宽。

交换概念的提出是对共享工作模式的改进，交换机可以检测连接到它的具体设备，通过对照 MAC 地址表，使数据包直接由源地址到达目的地址。

集线器与交换机的区别如图 4-3 所示。

4. 路由器

集线器和交换机被用来在一个局域网内交换数据，它们不能被用来跟外网交换数据，例如 Internet。如果要和外网交换数据，设备需要能够读取 IP 地址，但是集线器和交换机不能读取 IP 地址，所以引入路由器。

路由器是连接 Internet 中各局域网、广域网的设备，它会根据信道的情况自动选择和设定路由，以最佳路径，按前后顺序发送信号。当一个数据包被路由器接收时，路由器检查数据包的 IP 地址，并判断这个数据包是发送给它所在的网络还是其他网络的，然后进行发送。因此，路由器实际上就是网络的出入口，也叫作网关。

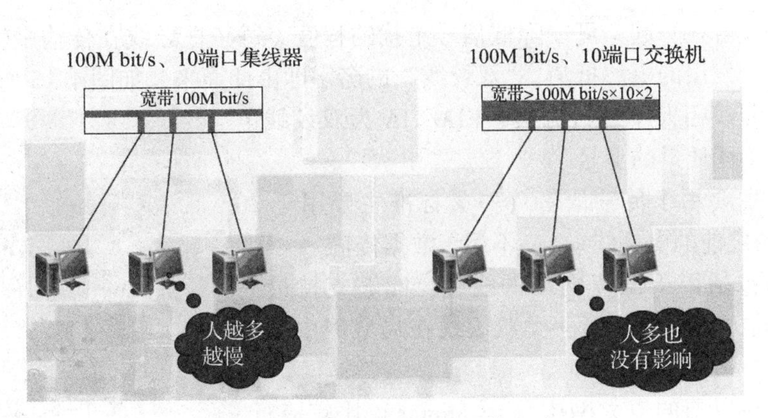

图 4-3　集线器与交换机的区别

4.2.2　常见的网络线缆及接口

局域网常用线缆和接口

局域网一般是在小范围内，通过线缆将网络设备连接起来的网络。用于局域网设备互连的线缆有同轴电缆、双绞线、光纤。不同的线缆，其特性各不相同，它们不同的特性对网络中数据通信质量和速度有较大的影响。

1. 网络线缆

1）同轴电缆

同轴电缆由里到外，分别为铜芯、塑胶绝缘体、网状导电体，如图 4-4 所示。铜芯和网状导电体形成电流回路。因为铜芯和网状导电体共用同一个轴心，因此该种线缆称为同轴电缆。同轴电缆的屏蔽性能好，抗干扰能力强，能够进行比较高速率的数据传输。

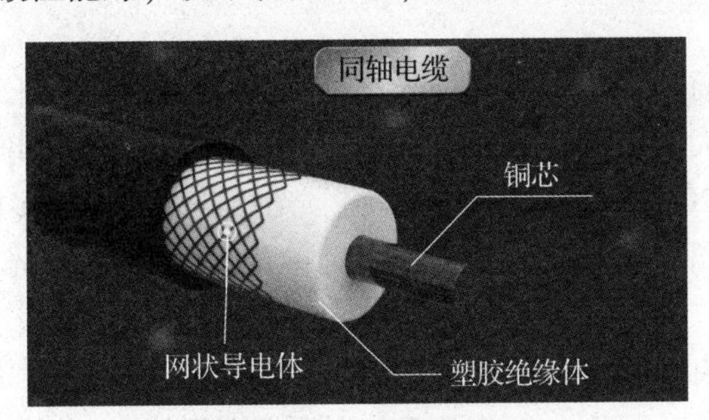

图 4-4　同轴电缆

同轴电缆分为粗同轴电缆和细同轴电缆，粗同轴电缆和细同轴电缆的区别是直径大小不同，细同轴电缆的直径为 0.26 cm，最大传输距离为 185 m，十分适合架设终端设备较为集中的小型以太网络。粗同轴电缆的直径为 1.27 cm，最大传输距离达到 500 m，适用于比较大型的局部网络，它的标准距离长，可靠性高。

目前，同轴电缆大量被光纤取代，但仍广泛应用于有线和无线电视和某些局域网。

2）双绞线

双绞线是由 4 对相互绝缘的导线按照一定的规格互相缠绕（一般以逆时针方向缠绕）在一起而制成的一种通用配线。双绞线采用一对互相绝缘的金属导线互相绞合的方式来抵御一部分外界电磁波干扰，更主要的是降低自身信号的对外干扰。把两根绝缘的铜导线按一定密度互相绞合在一起，可以降低信号干扰的程度，每一根导线在传输中辐射的电波会被另一根导线上发出的电波抵消，“双绞线”的名字即由此而来，如图 4 – 5 所示。

目前，按照线径大小进行分类，EIA/TIA 为双绞线电缆定义了 5 种不同质量的型号。

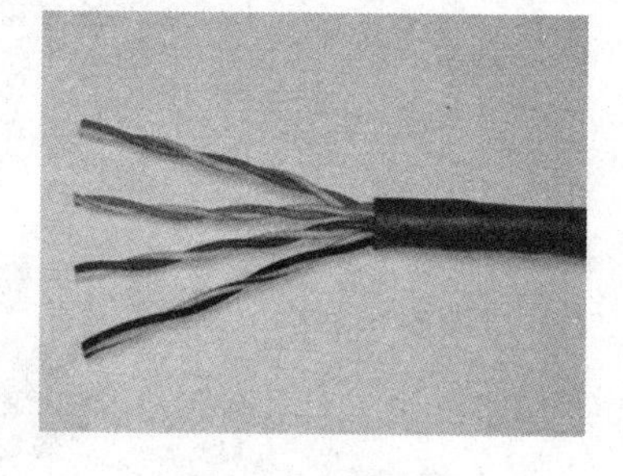

图 4 – 5　双绞线

第一类：主要用于传输语音（一类标准主要用于 20 世纪 80 年代初之前的电话线缆），不用于数据传输。

第二类：包括用于低速网络的线缆，能够支持最高 4 Mbit/s 的实施方案，它与第一类双绞线在局域网中很少使用。

第三类：在以前的以太网中（10 Mbit/s）比较流行，最高支持 16 Mbit/s 的容量，但大多数通常用于 10 Mbit/s 的以太网，主要用于 10BASE – T。

第四类：在性能上比第三类有一定改进，用于语音传输和最高传输速率为 16 Mbit/s 的数据传输。用于比第三类双绞线距离更长且速度更高的网络环境。可以支持最高 20 Mbit/s 的容量。主要用于基于令牌的局域网和 10 BASE – T/100 BASE – T。这类双绞线可以是非屏蔽双绞线，也可以是屏蔽双绞线。

第五类：增加了绕线密度，外套一种高质量的绝缘材料，传输频率为 100 MHz，用于语音传输和最高传输速率为 100 Mbit/s 的数据传输，常用于高性能的数据通信。它可以支持高达 100 Mbit/s 的容量。主要用于 100 BASE – T 和 10 BASE – T，是最常用的以太网线缆。

超五类：双绞线是非屏蔽双绞线，对它的“链接”和“信道”性能的测试表明，它超过 5 类线标准 TIA/EIA568 的要求，与普通的 5 类非屏蔽双绞比较，性能得到了很大提高。

3）光纤

光纤是光导纤维的简称，是一种利用光在玻璃或塑料制成的纤维中的全反射原理的光传导工具。前香港中文大学校长高锟和 George A. Hockham 首先提出光纤可以用于通信传输的设想，高锟因此获得 2009 年诺贝尔物理学奖。光纤分为两种：多模光纤和单模光纤。

单模光纤和多模光纤可以从纤芯的尺寸简单地判别。单模光纤的纤芯很小，为4 ~ 10 μm。

单模光纤只允许一束光线穿过。因为单模光纤只有一种模态，所以不会发生色散。使用单模光纤传递数据的质量更高，频带更宽，传输距离更长。单模光纤通常被用来连接办公楼之间或地理分散更广的网络，适用于大容量、长距离的数据通信。它是未来光纤通信与光波技术发展的必然趋势。

多模光纤允许多束光线穿过。因为不同光线进入多模光纤的角度不同，所以光线到达多模光纤末端的时间也不同。这就是通常所说的模色散。色散从一定程度上限制了多模光纤所能实现的带宽和传输距离。正是由于这种原因，多模光纤一般被用于同一办公楼或相对较近的区域内的网络连接。

2. 网络线缆接口

1）同轴电缆接口

同轴电缆接口分为粗同轴电缆接口（AUI 接口）和细同轴电缆接口（BNC 接口），如

图 4－6 所示。

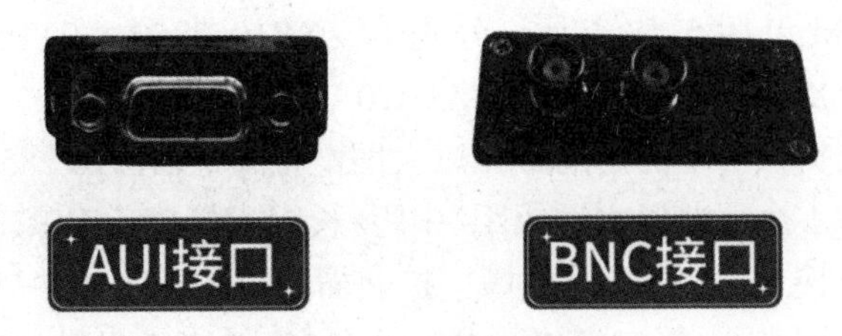

图 4－6　同轴电缆接口

2）双绞线接口

双绞线接口（RJ 45 接口）也就是人们常说的水晶头，它一共有 8 根触点。

六类水晶头常用于千兆网络，铜芯较粗，因此六类水晶头采用错层排列，分为两排，上面 4 根触点，下面 4 根触点；五类水晶头常用于百兆网络，铜芯较细，因此采用直线排列，如图 4－7 所示。

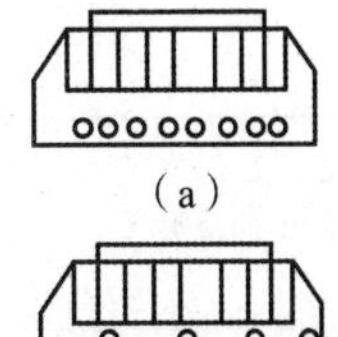

图 4－7　水晶头

（a）五类水晶头；（b）六类水晶头

3）光纤接口

光纤接口类型比较丰富。常用的光纤接口类型如下。

（1）ST 接口：ST 接口广泛应用于数据网络，是最常见的光纤接口。该接口为尖刀形接口。ST 接口在物理构造上的特点可以保证两条连接的光纤更准确地对齐，而且可以防止光纤在配合时旋转。

（2）SC 接口：SC 接口采用推－拉型连接配合方式。当连接空间很小，光纤数目又很多时，SC 接口允许快速、方便地连接光纤。

（3）LC 接口：类似于 SC 接口，LC 接口是一种插入式光纤接口，有一个 RJ－45 型的弹簧产生的保持力小突起。LC 接口与 SC 接口都是全双工接口。

（4）MTRJ 接口：MTRJ 接口是一种更新型的光纤接口，其外壳和锁定机制类似水晶头，而体积类似于 LC 接口，标准大小的 MTRJ 接口可以同时连接两条光纤，有效密度增大了 1 倍。MTRJ 接口采用双工设计，体积只有传统 SC 接口或 ST 接口的一半，因此可以安装到普通的信息面板上。MTRJ 接口采用插拔式设计，易于使用，甚至比水晶头都小。

光纤接口如图 4－8 所示。

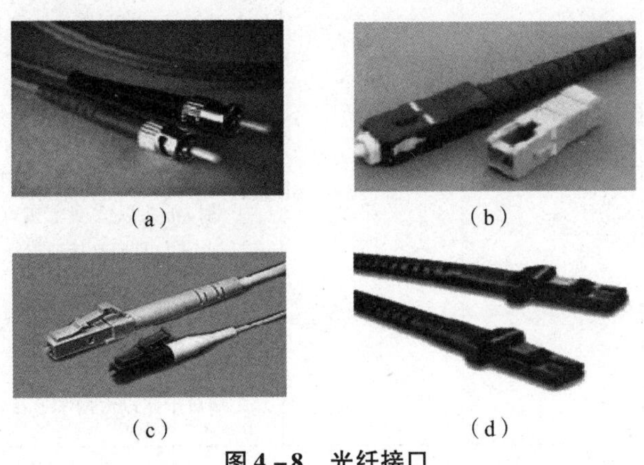

图 4－8　光纤接口

（a）ST 接口；（b）SC 接口；（c）LC 接口；（d）MTRJ 接口

4）中兴2850系列交换机常用接口

ZXR10 2850交换机包括5款产品，分别为ZXR10 2850－9TT、ZXR10 2850－9TS、ZXR10 2850－18TM、ZXR10 2850－26TM、ZXR10 2850－52TC。

ZXR10 2850－9TT提供9个固定的百兆以太网电接口。ZXR10 2850－9TS提供8个固定的百兆以太网电接口和1个百兆以太网短距/中距/长距光接口。ZXR10 2850－18TM提供16个固定的百兆以太网电接口、1个扩展插槽，扩展插槽可扩展1/2端口百兆以太网光接口模块或者2端口千兆以太网光/电接口模块。ZXR10 2850－26TM提供24个固定的百兆以太网电接口、1个扩展插槽，扩展插槽可扩展模块和ZXR10 2850－18TM一样。ZXR10 2850－52TC提供48个固定的百兆以太网电接口、2个固定的千兆以太网SFP接口和2个固定的千兆以太网电接口。交换机接口参数规格见表4－1。

表4－1　交换机接口参数规格

<table>
<tr><td colspan="2">设备型号</td><td>ZXR10 2850－9TT</td><td>ZXR10 2850－9TS</td><td>ZXR10 2850－18TM</td><td>ZXR10 2850－26TM</td><td>ZXR10 2850－52TC</td></tr>
<tr><td rowspan="10">接口</td><td>固定的百兆以太网电接口</td><td>9</td><td>8</td><td>16</td><td>24</td><td>48</td></tr>
<tr><td>固定的百兆以太网光接口</td><td>－</td><td>1</td><td>－</td><td>－</td><td>－</td></tr>
<tr><td>固定的千兆以太网电接口</td><td>－</td><td>－</td><td>－</td><td>－</td><td>2</td></tr>
<tr><td>固定的千兆以太网SFP接口</td><td>－</td><td>－</td><td>－</td><td>－</td><td>2</td></tr>
<tr><td>扩展插槽数目</td><td>－</td><td>－</td><td>1</td><td>1</td><td>－</td></tr>
<tr><td rowspan="5">扩展子卡类型</td><td rowspan="5">－</td><td rowspan="5">－</td><td colspan="2">1端口百兆以太网光接口模块（15 km）</td><td rowspan="5">－</td></tr>
<tr><td colspan="2">2端口百兆以太网SFP接口模块</td></tr>
<tr><td colspan="2">1端口千兆以太网电接口＋1端口千兆以太网SFP接口模块</td></tr>
<tr><td colspan="2">2端口千兆以太网电接口模块</td></tr>
<tr><td colspan="2">2端口千兆以太网SFP接口模块</td></tr>
</table>

续表

<table>
<tr><td colspan="2">设备型号</td><td>ZXR10
2850 - 9TT</td><td>ZXR10
2850 - 9TS</td><td>ZXR10
2850 - 18TM</td><td>ZXR10
2850 - 26TM</td><td>ZXR10
2850 - 52TC</td></tr>
<tr><td rowspan="3">接口</td><td rowspan="3">光接口参数</td><td>–</td><td colspan="4">百兆一体化光模块，SC 接口，距离为 2 km/15 km/40 km</td></tr>
<tr><td>–</td><td>–</td><td colspan="3">百兆 SFP 模块，LC 接口，距离为 2 km/15 km/40 km/80 km</td></tr>
<tr><td>–</td><td>–</td><td colspan="3">千兆 SFP 模块，LC 接口，距离为 500 m/15 km/40 km/80 km/120 km</td></tr>
<tr><td rowspan="2">基本参数</td><td>交换容量
/(Gbit · s^{-1})</td><td>1.8</td><td>1.8</td><td>12.8</td><td>19.2</td><td>32</td></tr>
<tr><td>转发速率
/(Mpacket · s^{-1})</td><td>1.35</td><td>1.35</td><td>5.4</td><td>6.6</td><td>13.2</td></tr>
<tr><td rowspan="12">业务特性</td><td rowspan="6">基本特性</td><td colspan="5">支持标准以太网 IEEE 802.3 协议族</td></tr>
<tr><td colspan="5">支持 STP、RSTP、MSTP</td></tr>
<tr><td colspan="5">支持端口聚合 LACP</td></tr>
<tr><td colspan="5">支持 802.1Q VLAN、QinQ</td></tr>
<tr><td colspan="5">支持 QoS</td></tr>
<tr><td colspan="5">支持 Radius 认证</td></tr>
<tr><td rowspan="4">安全特性</td><td colspan="5">支持 MAC 地址过滤</td></tr>
<tr><td colspan="5">支持 MAC 地址捆绑</td></tr>
<tr><td colspan="5">支持广播、组播、单播报文抑制</td></tr>
<tr><td colspan="5">支持端口限速</td></tr>
<tr><td rowspan="2">增强特性</td><td colspan="5">支持 IGMP Snooping、IGMP Filter、IGMP Proxy</td></tr>
<tr><td colspan="5">支持可控组播</td></tr>
<tr><td rowspan="9">网络管理</td><td>本地管理接口</td><td colspan="5">Console RS232</td></tr>
<tr><td rowspan="8">管理方式</td><td colspan="5">本地命令行 CLI</td></tr>
<tr><td colspan="5">远程 Telnet</td></tr>
<tr><td colspan="5">标准 SNMP</td></tr>
<tr><td colspan="5">图形化 NetNumen</td></tr>
<tr><td colspan="5">Web 网管</td></tr>
<tr><td colspan="5">集群管理 ZGMP（命令行模式、图形模式）</td></tr>
<tr><td colspan="5">支持 SSHv2.0</td></tr>
<tr><td colspan="5">支持用户网管本地、远程认证</td></tr>
</table>

续表

设备型号		ZXR10 2850－9TT	ZXR10 2850－9TS	ZXR10 2850－18TM	ZXR10 2850－26TM	ZXR10 2850－52TC
物理特性	尺寸（高×宽×深）/mm	35×216×130	35×216×130	43.6×442×200	43.6×442×200	43.6×442×280
	整机最大质量/kg	<1	<1	<2	<2	<2.5
电源要求	直流（DC）	－48 V±10%（外置适配器）	－48 V±10%（外置适配器）	－48 V±10%		
	交流（AC）	100～240 V 50～60 Hz（外置适配器）	100～240 V 50～60 Hz（外置适配器）	100～240 V，50～60 Hz		
	远程受电 POE	IEEE802.3af	IEEE802.3af	IEEE802.3af	－	－
	整机最大功耗/W	<8	<8	<12	<14	<19
环境要求	工作环境温度/℃	－5～＋45				
	存储环境温度/℃	－40～70				
	工作相对湿度/%	5～95，非凝结				
	防雷	接入端口雷击防护：>6 kV				
		上行端口增强雷击防护：7.5 kA				
		外接防雷保护器：7.5 kA				
	抗震	抗8级烈度地震				
	散热	无风扇静音设计				
	可靠性	平均无故障工作时间（Mean Time Between Flaiure，MTBF）：>50 000 h，平均修复时间（Mean Time To Repair，MTTR）：<30 min				

4.3 任务单

任务4的任务单见表4－2。

表4－2 任务4的任务单

项目二	网络设备的认知与配置					
工作任务	任务4 局域网中常见的网络设备、网络线缆及接口				课时	
班级		小组编号		组长姓名		
成员名单						
任务描述	掌握馈线接头的制作方法					
工具材料	馈线、馈线接头、馈线刀、扳手、斜口钳					

续表

项目二	网络设备的认知与配置				
工作任务	任务4　局域网中常见的网络设备、网络线缆及接口			课时	
班级		小组编号		组长姓名	
工作内容	（1）将工具以规定位置有序地摆上操作台； （2）整直馈线末端； （3）切除馈线护套； （4）用馈线刀切割导体； （5）去除毛刺、铜屑等杂质； （6）装接头部分； （7）旋紧接头				
注意事项	（1）遵守机房的工作和管理制度； （2）注意用电安全，谨防触电； （3）各小组固定位置，按任务顺序展开工作； （4）爱护工具仪器； （5）按规范操作，防止损坏仪器仪表； （6）保持环境卫生，不乱扔废弃物				

4.4　任务实施：馈线接头的制作

馈线接头的制作方法

1. 馈线接头的制作准备

馈线是同轴电缆的一种，制作馈线接头需要的工具有馈线、馈线接头、馈线刀、扳手、斜口钳等，如图4－9所示。

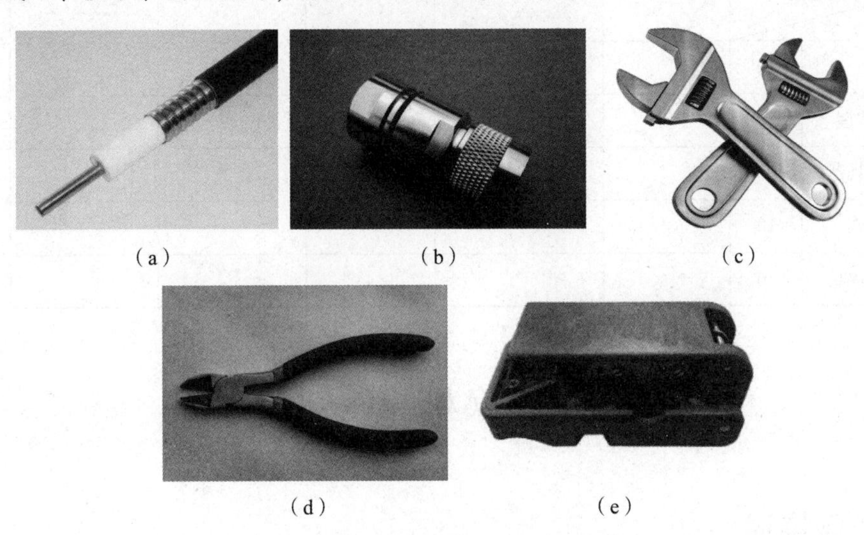

（a）　（b）　（c）　（d）　（e）

图4－9　制作馈线接头的工具

（a）馈线；（b）馈线接头；（c）扳手；（d）斜口钳；（e）馈线刀

2. 馈线接头的制作实施

（1）将工具以规定位置有序地摆上操作台。

（2）整直馈线末端。

（3）切除馈线护套（去皮长度不超过 50 mm），在将要制作接头的馈线断口 5 mm 处，用馈线刀对该处的馈线外皮进行环切，用手轻压馈线刀进行旋转以恰好能切断馈线皮为佳，应尽量避免切伤馈线外导体。使用馈线刀从环切处开始向外将这小段馈线皮剥掉，剥削时，馈线刀刀刃应微微向上，以避免划伤外导体表面。

（4）用切刀切割导体（留去皮外导体 37 mm）。切割的时候要小心不要将芯片切断。

（5）去除毛刺、铜屑等杂质。用小金属刷对刚切好的馈线端进行清洁，如有毛刺则用锉刀锉平，用钢刷将金属导体内和表面的碎屑清理干净。使用专用的接头扩孔器，顺时针旋转 2 ~ 3 圈对馈线进行扩孔和定型。

（6）装接头部分。

（7）旋紧接头（扳手适力，旋转后端）。

4.5　任务评价

任务 4 的任务评价见表 4 – 3。

表 4 – 3　任务 4 的任务评价

项目二　网络设备的认知与配置							
任务 4　局域网中常见的网络设备、网络线缆及接口							
班级				小组编号			
分数 姓名 标准							
责任心	10						
知识点掌握	30						
操作步骤规范	10						
团队协作	10						
结果验证成功	40						

任务 5　交换机的认知与操作

5.1　任务描述

小赵是某公司负责公司内部网络设备的实习员工，部门负责人想考核小赵对网络常用

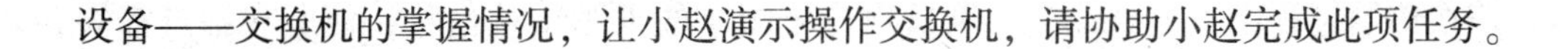

设备——交换机的掌握情况，让小赵演示操作交换机，请协助小赵完成此项任务。

5.2　相关知识

5.2.1　以太网概述

1. 以太网基础知识

以太网是当今局域网中最通用的通信协议标准，它定义了在局域网中采用的线缆类型和信号处理方法。以太网是由美国数字设备公司（DEC）、英特尔公司（Intel）和施乐公司（Xerox）3 家公司联合开发的一个网络协议标准，广泛应用于局域网中。以太网技术的发展经历了标准以太网（10 Mbit/s）、快速以太网（100 Mbit/s）、千兆以太网（1 000 Mbits）和万兆以太网（10 Gbit/s），它们都符合 IEEE802.3 系列协议标准，如图 5－1 所示。

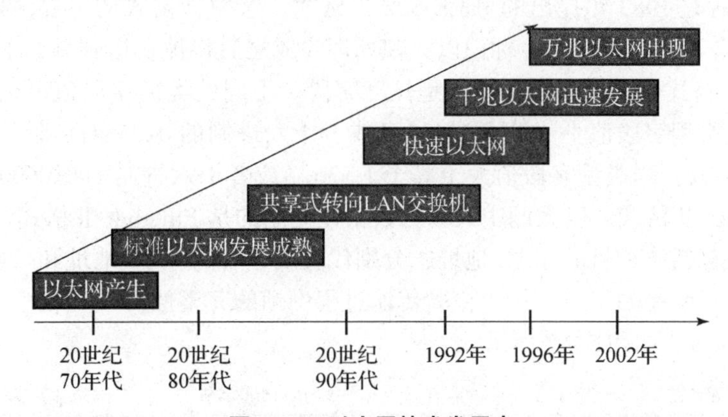

图 5－1　以太网技术发展史

起初，以太网采用半双工及 CSMA/CD（载波侦听多路访问/冲突检测）的访问控制方式，CSMA/CD 主要用来解决冲突检查问题，然而，CSMA/CD 同时也成为以太网高速化的主要瓶颈。即使出现了 100 Mbit/s 的 FDDL，以太网仍然滞留在 10 Mbit/s 的速度上，以至于人们一度认为要想获得更高速率的网络，只能放弃以太网而另寻他路。

然而这种状况没有持续太久，随着 ATM 交换技术的进步和 100 BASE－TX 线缆的普及，这种僵局很快就被打破了。以太网的网络结构也发生了变化，逐渐采用像非共享介质网络那样直接与交换机连接的方式。于是，冲突检测不再是必要内容，网络也变得更加高速。此外，使用半双工通信方式的交换机及使用同轴电缆的总线型网络已经逐步退出历史舞台。

以太网简单的结构和低廉的成本是 FDDI 和 ATM 不能相比的。

2. CSMA/CD 算法

以太网采用 CSMA/CD 算法。CSMA/CD 是一种在共享介质条件下多点通信的有效手段，其工作机制如下。

（1）发送数据前先监听信道是否空闲。

（2）若介质空闲，则发送数据。

（3）若介质忙，则一直监听，等待介质空闲。

（4）若在传输过程中检测到冲突，则发出一个短小的人为干扰信号，使所有站点都知道发生了冲突，并且自身停止传输；发完人为干扰信号，等待一段随机的时间后，再次试图传输。

总之，可以从以下三点来理解 CSMA/CD。

（1）CS：载波侦听。在发送数据之前进行监听，以确保线路空闲，减少冲突的机会。

（2）MA：多址访问。每个站点发送的数据可以同时被多个站点接收。

（3）CD：冲突检测。边发送边检测，发现冲突就停止发送，然后延迟一个随机时间之后继续发送。

3. 以太网帧结构

以太网使用两种标准帧格式。第一种是 20 世纪 80 年代初提出的 DIX v2 格式，即 Ethernet Ⅱ帧格式。Ethernet Ⅱ后来被 IEEE 802 标准接纳，并被写进了 IEEE 802.3x－1997 的 3.2.6 节。第二种是 1983 年提出的 IEEE 802.3 格式。这两种格式的主要区别在于，Ethernet Ⅱ格式中包含一个类型字段，标识以太帧处理完成之后将被发送到哪个上层协议进行处理。IEEE 802.3 格式中，在同样的位置是长度字段。不同的类型字段值可以用来区别这两种帧的类型，当类型字段值小于等于 1 500（或者十六进制的 0x05DC）时，以太帧使用的是 IEEE 802.3 格式。当类型字段值大于等于 1 536（或者十六进制的 0x0600）时，以太帧使用的是 Ethernet Ⅱ格式。以太网中大多数数据帧使用的是 Ethernet Ⅱ格式。

以太帧中还包括源和目的 MAC 地址，分别代表发送者的 MAC 地址和接收者的 MAC 地址，此外还有帧校验序列字段，用于检验传输过程中帧的完整性。

Ethernet Ⅱ帧格式如图 5－2 所示。

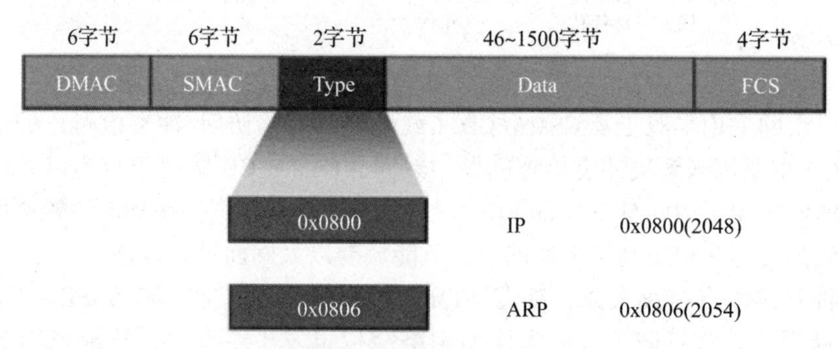

图 5－2　Ethernet Ⅱ 帧格式

Ethernet Ⅱ帧类型值大于等于 1 536（0x0600），以太帧的长度为 64～1 518 字节。Ethernet Ⅱ帧中各字段说明如下。

（1）DMAC（Destination MAC）是目的 MAC 地址。DMAC 字段长度为 6 个字节，标识帧的接收者。

（2）SMAC（Source MAC）是源 MAC 地址。SMAC 字段长度为 6 个字节，标识帧的发送者。

（3）类型（Type）字段用于标识数据（Data）字段中包含的高层协议，该字段长度为 2 个字节。类型字段取值为 0x0800 的帧代表 IP 帧；类型字段取值为 0806 的帧代表 ARP 帧。

（4）数据（Data）字段是网络层数据，最小长度必须为 46 字节以保证帧长至少为 64

字节，数据字段的最大长度为 1 500 字节。

（5）循环冗余校验（FCS）字段提供了一种错误检测机制。该字段长度为 4 字节。

IEEE 802. 3 帧格式如图 5 –3 所示。

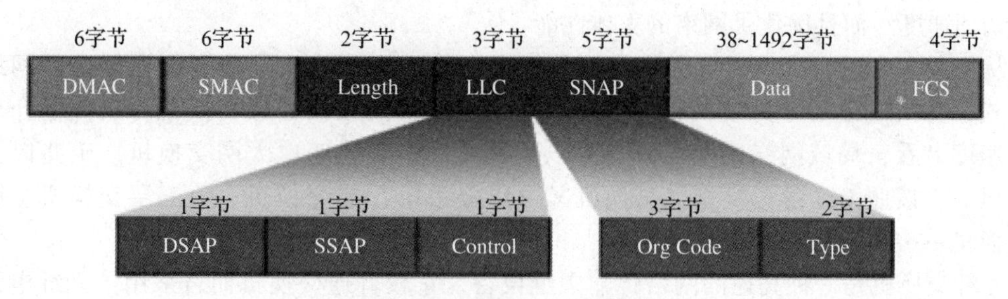

图 5 –3　IEEE 802. 3 帧格式

IEEE 802. 3 帧的长度（Length）字段值小于等于 1 500（0x05DC），IEEE 802. 3 帧格式类似于 Ethernet Ⅱ帧，只是 Ethernet Ⅱ帧的类型域被 IEEE 802. 3 帧的长度域取代，并且占用了数据字段的 8 个字节作为 LLC 和 SNAP 字段。长度字段定义了数据字段包含的字节数。逻辑链路控制（Logical Link Control，LLC）由目的服务访问点（Destination Service Access Point，DSAP）、源服务访问点（Source Service Access Point，SSAP）和控制（Control）字段组成。

SNAP（Sub – network Access Protocol）由机构代码（Org Code）和类型字段组成。机构代码字段的 3 个字节都为 0。类型字段的含义与 Ethernet Ⅱ帧中的类型字段相同。IEEE 802. 3 帧根据 DSAP 和 SSAP 字段的取值又可分为以下几类。

（1）当 DSAP 和 SSAP 字段都取特定值 0xff 时，IEEE 802. 3 帧就变成了 NetWare – Ethernet 帧。NetWare – Ethernet 帧用于承载 NetWare 类型的数据。

（2）当 DSAP 和 SSAP 字段都取特定值 0xaa 时，IEEE 802. 3 帧就变成了 Ethernet_SNAP 帧。Ethernet_SNAP 帧用于传输多种协议。

（3）DSAP 和 SSAP 字段取其他值时均为纯 IEEE 802. 3 帧。

5. 2. 2　交换机的认知

1. 交换机的概述

交换机的认知

交换机是一种用于转发电或光信号的网络设备。它可以为接入交换机的任意两个网络节点提供独享的电信号通路。

最常见的交换机是以太网交换机。交换机工作于 OSI 参考模型的第二层，即数据链路层。

交换机拥有一条高带宽的背部总线和内部交换矩阵，在同一时刻，可进行多个端口之间的数据传输。交换机的传输模式有全双工、半双工、全双工或半双工自适应。以太网交换机是基于以太网传输数据的交换机。以太网采用共享总线型的传输方式。以太网交换机的结构是，每个端口都直接与主机相连，并且一般都工作在全双工方式。以太网交换机能同时连通许多对端口，使每一对相互通信的主机都能像独占通信介质那样无冲突地传输数据。以太网交换机应用最为普遍，价格也比较低，档次齐全。在大大小小的局域网中都可以见到以太网交换机的踪影。以太网交换机通常都有几个到几十个端口，实质上它就是一个多端口的网桥。另外，它的端口速率可以不同，工作方式也可以不同。

随着网络信息系统由小型到中型再到大型的发展趋势，交换技术也由最初的基于 MAC 地址的交换发展到基于 IP 地址的交换，进一步发展到基于 IP + 端口的交换，不仅提高了网络的访问速度，而且优化了网络的整体性能。

从广义上来看，交换机分为广域网交换机和局域网交换机。按照现在复杂的网络构成方式，交换机被划分为接入层交换机、汇聚层交换机和核心层交换机。从传输介质和传输速度上看，局域网交换机可以分为以太网交换机、快速以太网交换机、千兆以太网交换机等。按照 OSI 参考模型，交换机又可以分为第二层交换机、第三层交换机、第四层交换机……第七层交换机。

光纤交换机是一种高速的网络传输中继设备。它较普通交换机而言采用了光纤电缆作为传输介质。它的特点是采用传输速率较高的光纤通道与服务器网络或者存储区域网络（Storage Area Network，SAN）内部组件连接。这样，整个 SAN 网络就具有非常宽的带宽，为高性能的数据存储提供了保障。

光纤交换机有许多不同的功能，包括支持 GBIC、具有冗余风扇和电源、分区、环操作和多管理接口等。每一项功能都可以增加整个交换网络的可操作性，理解这些特点可以帮助用户设计一个功能强大的大规模的 SAN 网络。

2. 中兴 2850 系列交换机概述

ZXR10 2850 交换机主要定位于企业网和宽带 IP 城域网的接入层，提供中低密度的以太网端口，非常适合作为信息化智能小区、商务楼、宾馆、大学校园网和政企网的用户侧接入设备或者小型网络的汇聚设备，为用户提供高速、高效、廉价的接入和汇聚方案。

ZXR10 2850 交换机包括 5 款产品，分别为 ZXR10 2850 – 9TT、ZXR10 2850 – 9TS、ZXR10 2850 – 18TM、ZXR10 2850 – 26TM、ZXR10 2850 – 52TC，如图 5 – 4 ~ 图 5 – 8 所示。

图 5 – 4　ZXR10 2850 – 9TT

图 5 – 5　ZXR10 2850 – 9TS

图 5 – 6　ZXR10 2850 – 18TM

图 5 – 7　ZXR10 2850 – 26TM

图 5-8 ZXR10 2850-52TC

3. 中兴 2850 系列交换机的关键特性

1）性价比高，结构紧凑

采用固定接口和模块化接口结合的机器架构，高度为 1U，结构紧凑小巧，既可放入 19 英寸①标准机架，也可以靠近客户端桌面放置，安装方便，应用灵活，性价比高。

2）具有良好的运营管理能力

支持入口和出口的端口限速，从 64 Kbit/s 起连续可设；

支持边界私有 VLAN，扩大 VLAN 可用数目，支持 QinQ；

支持 IP 电话；

支持 ZGMP 集群管理，可自动发现和管理中兴交换机群组，实现新成员设备的自动侦测、自动配置。

3）具有完善的安全特性

支持端口和 MAC 地址的捆绑，防止用户私接；

支持动态绑定、MAC 地址过滤、风暴抑制。

4）具有统一的网管功能

支持 RFC1213 SNMP（简单网络管理）协议，带内网管的形式可采用基于 Telnet 的配置管理（CLI 命令行的形式）或基于 SNMP 的配置管理（图形界面的形式），实现基于 NetNumen 网管平台的统一网管。

5.2.3 交换机的工作原理

交换机的工作原理

当交换机收到数据时，它会检查它的目的 MAC 地址，然后把数据从目的主机所在的接口转发出去。交换机之所以能实现这一功能，是因为交换机内部有一个 MAC 地址表，MAC 地址表记录了网络中所有 MAC 地址与该交换机各端口的对应信息。某一数据帧需要转发时，交换机根据该数据帧的目的 MAC 地址来查找 MAC 地址表，从而得到该 MAC 地址对应的端口，即知道具有该 MAC 地址的设备是连接在交换机的哪个端口上，然后交换机把数据帧从该端口转发出去。

（1）交换机根据收到数据帧中的源 MAC 地址建立该地址同交换机端口的映射，并将其写入 MAC 地址表。

（2）交换机将数据帧中的目的 MAC 地址同已建立的 MAC 地址表进行比较，以决定由哪个端口进行转发。

（3）如数据帧中的目的 MAC 地址不在 MAC 地址表中，则向所有端口转发。这一过程称为泛洪（flood）。

① 1 英寸 =0.025 4 米。

（4）广播帧和组播帧向所有的端口转发。

交换机的主要功能包括物理编址、网络拓扑结构、错误校验、帧序列以及流控。目前交换机还具备了一些新的功能，如对 VLAN（虚拟局域网）的支持、对链路汇聚的支持，甚至有的还具有防火墙的功能。交换机有以下 3 个主要功能。

1. 地址学习功能

交换机了解每一端口相连设备的 MAC 地址，并将 MAC 地址同相应的端口映射起来存放在缓存中的 MAC 地址表中。

2. 转发和过滤功能

（1）交换机首先判断数据帧的目的 MAC 地址是否为广播或组播地址，如果是，即进行洪泛操作。

（2）如果目的 MAC 地址不是广播或组播地址而是去往某设备的单播地址，交换机在 MAC 地址表中查找此地址，如果此地址是未知的，也将按照洪泛的方式进行转发。

（3）如果目的地址是单播地址并且已经存在于交换机的 MAC 地址表中，交换机将把数据帧转发至此目的 MAC 地址所关联的端口。

3. 环路避免功能

交换机本身不具备环路避免功能，需要结合生成树协议（STP）实现。当交换机包括一个冗余回路时，交换机通过生成树协议避免回路的产生，同时允许存在后备路径。

交换机除了能够连接同种类型的网络之外，还可以在不同类型的网络（如标准以太网和快速以太网）之间起到互连作用。如今许多交换机都能够提供支持快速以太网或 FDDI 等的高速连接端口，用于连接网络中的其他交换机或者为带宽占用量大的关键服务器提供附加带宽。

一般来说，交换机的每个端口都用来连接一个独立的网段，但是有时为了提供更高的接入速度，可以把一些重要的网络计算机直接连接到交换机的端口上。这样，网络的关键服务器和重要用户就拥有更高的接入速度，支持更大的信息流量。

5.2.4 交换机常用系统模式和常用帮助类命令

交换机常用系统模式有：普通用户模式、特权模式（enable 模式）、全局配置模式、端口配置模式、VLAN 数据库配置模式、VLAN 配置模式、VLAN 接口配置模式、路由配置模式、BOOTP 模式等，见表 5－1。

表 5－1 交换机常用系统模式

提示符显示	系统模式	如何进入	简单介绍
Switch >	普通用户模式	设备启动后按回车键进入	允许用户查看一些简单的信息，但是不能更改任何信息
Switch#	特权模式	在“Switch >”下输入“enable”后按回车键进入。如果设置了 enable 密码，需要正确输入密码后才能进入	在普通用户模式下输入“enable”后才能进入。相对于普通用户模式有更多权限，比如 reload（重启）、write（保存）。特权模式也不能修改交换机的配置

续表

提示符显示	系统模式	如何进入	简单介绍
Switch（config）#	全局配置模式	在“Switch#”下输入“config terminal”后按回车键进入	对设备配置进行修改时必须进入此模式，在该模式下可以进入各种情景模式
Switch（config - if）#	端口配置模式	在“Switch（config）#”下输入“interface x/x”后按回车键进入，例：interface fastEthernet 0/1	配置端口时使用

交换机常用帮助类命令见表 5 - 2。

表 5 - 2　交换机常用帮助类命令

帮助类命令	用　途
?	显示所有可用命令。例如： Switch > ? Exec commands： <1 - 99 >　Session number to resume connect　Open a terminal connection disable　Turn off privileged commands
comand?	描述该命令所用第一参数选项的文本帮助。例如： Switch#configure? terminal　Configure from the terminal < cr > Switch#configure
xxx?	以“xxx”开头的命令列表。例如 Switch > ena? enable Switch > ena 再例如： Switch#co? configure　connect　copy Switch#co 说明：以“co”开头有“configure”“connect”“copy”3 个命令
command parm?	功能同“xxx?”。例如： Switch#configure ter? terminal Switch#configure ter

续表

帮助类命令	用　途
xxx <tab>	命令尚未输入完整时按 Tab 键可以自动补充未完成部分。 如果没有变化说明以“xxx”开头的命令不只一个。例如： Switch#show ip in（此时按 Tab 键） Switch#show ip in（没有变化） Switch#show ip in?（用“in?”查看以“in”开头的命令有哪些） inspect　interface Switch#show ip int（输入“int”后按 Tab 键） Switch#show ip interface（此时“interface”自动补充完成）
ctrl + shift + 6	中断当前命令。例如： Switch#asdasdfawaeaweaeadasdwewewewewe（按回车键） Translating " asdasdfawaeaweaeadasdwewewewewe" ... domain server（255. 255. 255. 255）（此时输入组合键“Ctrl + Shift + 6”能马上退出） % Name lookup aborted Switch#

其他常用命令见表 5 - 3。

表 5 - 3　其他常用命令

Exit	返回上一层模式。例如： Switch（config）# Switch（config）#interface fastEthernet 0/1 Switch（config - if）#exit Switch（config）#exit Switch#
End	直接退出到特权模式。例如： Switch（config）# Switch（config）#interface fastEthernet 0/1 Switch（config - if）#end Switch#
write	保存设备当前配置。例如： Switch#write Building configuration... （按回车键） Switch#
hostname	配置设备名称。例如： Switch（config）#hostname iloveu iloveu（config）#

续表

show	查看相关信息。例如： Switch#show running - config Building configuration... Current configuration : 971 bytes ! version 12.1 no service timestamps log datetime msec no service timestamps debug datetime msec no service password - encryption ! hostname Switch
reload	重启设备。例如： Switch#reload Proceed with reload?（此处按回车键后设备会重启）
shutdown	手动关闭端口。例如： Switch（config）#interface fastEthernet 0/1 Switch（config - if）#shutdown Switch（config - if）#
speed	设置端口速率。例如： Switch（config）#interface fastEthernet 0/1 Switch（config - if）#speed 100　　//设置端口速率为 100 Mbit/s Switch（config - if）#
duplex	设置端口双工模式。例如： Switch（config）#interface fastEthernet 0/1 Switch（config - if）#duplex full　　//设置端口双工模式为"全双工" Switch（config - if）#

5.3　任务单

任务 5 的任务单见表 5 -4。

表 5 -4　任务 5 的任务单

项目二	网络设备的认知与配置				
工作任务	任务 5　交换机的认知与操作			课时	
班级		小组编号		组长姓名	
成员名单					
任务描述	根据实验要求，认识交换机的命令行操作界面和几个基本的系统模式，以及一些基本的操作命令				

续表

项目二	网络设备的认知与配置					
工作任务	任务5　交换机的认知与操作				课时	
班级		小组编号		组长姓名		
工具材料	计算机（1台）、思科模拟器软件					
工作内容	（1）选择一台交换机，进入命令行操作界面； （2）进入普通用户模式； （3）进入特权模式； （4）进入全局配置模式； （5）进入端口配置模式； （6）进行常用模式切换； （7）进行端口配置					
注意事项	（1）遵守机房的工作和管理制度； （2）注意用电安全，谨防触电； （3）各小组固定位置，按任务顺序展开工作； （4）爱护工具仪器； （5）按规范操作，防止损坏仪器仪表； （6）保持环境卫生，不乱扔废弃物					

5.4　任务实施：交换机的基本操作

交换机的基本操作

1. 任务准备

选择一台交换机，进入交换机的命令行操作界面，掌握几个基本的系统模式和一些基本的操作命令。使用命令行对交换机进行一些基本的操作，包括查看设备当前运行配置、对端口进行简单的配置等。

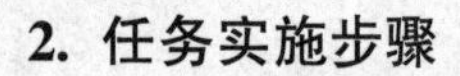

2. 任务实施步骤

（1）选择一台交换机，进入命令行操作界面，如图5-4所示。

（2）进入普通用户模式。按回车键，进入普通用户模式，如图5-5所示。在普通用户模式下可以查看简单信息和ping等操作。

（3）进入特权模式。在普通用户模式下输入“enable”，按回车键，进入特权模式，如图5-6所示。在特权模式下可以查看和配置系统参数。

（4）进入全局配置模式。在特权模式下输入“configure terminal”后，按回车键，进入全局配置模式，如图5-7所示。

（5）进入端口配置模式。在全局配置模式下输入“interface fastEthernet 0/1”后按回车键，进入“0槽位1端口”的端口配置模式，如图5-8所示。

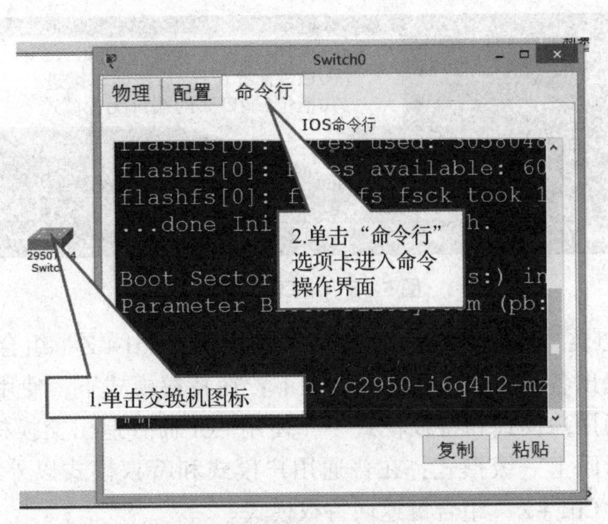

图 5－4　命令行操作界面

图 5－5　普通用户模式

图 5－6　特权模式

图 5－7　全局配置模式

图 5-8　端口配置模式

(6) 常用模式切换。输入“exit”后按回车键或按“Ctrl + Z”组合键，退出一个模式，返回上一级模式。退出各种命令模式的方法如下：在特权模式下，使用 disable 命令返回普通用户模式；在普通用户模式和特权模式下，使用 exit 命令退出交换机；在其他命令模式下，使用 exit 命令返回上一级模式；在普通用户模式和特权模式以外的其他命令模式下，使用 end 命令或按“Ctrl + Z”组合键返回特权模式。

(7) 端口配置。端口命名规则为：<端口类型>_<槽位号>/<端口号>。

例如：

```
ZXR10(config)#interface fei_1/1
ZXR10(config-if)#
```

其中，“fei”代表端口类型为快速以太网，第 1 个“1”代表槽位号，第 2 个“1”代表端口编号。

5.5　任务评价

任务 5 的任务评价见表 5-5。

表 5-5　任务 5 的任务评价

项目二　网络设备的认知与配置							
任务 5　交换机的认知与操作							
班级				小组编号			
分数 / 姓名 / 标准							
责任心	10						
知识点掌握	30						
操作步骤规范	10						
团队协作	10						
结果验证成功	40						

任务6　路由器的认知与操作

6.1　任务描述

小赵是某公司负责公司内部网络设备的实习员工，部门负责人想考核小赵对网络常用设备——路由器的掌握情况，让小赵演示操作路由器，请协助小赵完成此项任务。

6.2　相关知识

路由器的基本原理

6.2.1　路由器的基本原理

路由器（router）是互联网的枢纽，是连接 Internet 中各局域网、广域网的设备，它会根据信道的情况自动选择和设定路由，以最佳路径，按前后顺序发送数据。作用在 OSI 模型的第三层网络层，提供了路由与转发两种重要机制。

路由：路由器控制层面的工作，决定数据包从来源端到目的端所经过的路径（host 到 host 至今的最佳传输路径），是指导路由器如何进行数据报文发送的路径信息。它存储在路由表中，每一台路由器都有路由表，路由器根据接收到的 IP 数据包的目的网段地址，查找路由表，决定转发路径，它是逐条转发的。

转发：路由器数据层面的工作，将路由器输入端的数据包移送至适当的路由器输出端(在路由器内部进行)。

路由器是一种具有多个输入端口和多个输出端口的专用计算机，其任务是转发分组。也就是说，将路由器某个输入端口收到的分组，按照分组要去的目的地，把该分组从路由器的某个合适的输出端口转发给下一跳的路由器。下一跳的路由器也按照这种方法处理分组，直到该分组到达终点为止。

路由器工作在网络层，它的核心作用是实现网络互连和数据转发。路由器具备以下功能。

（1）路由（寻径）：收集网络拓扑信息并动态形成路由表，包括路由表的建立与刷新。

（2）交换：在网络之间转发分组数据，涉及从接收端口收到数据帧，解封装，对数据包作相应处理，根据目的网络查找路由表，决定转发端口，进行新的数据链路层封装等过程。

（3）隔离广播，指定访问规则，路由器阻止广播的通过。可以设置访问控制列表(ACL）对流量进行控制。

（4）异种网络互连，支持不同的数据链路层协议，连接异种网络。路由器经常会收到以某种类型的数据链路帧封装的数据包，当转发这种数据包时，路由器可能需要将其封装为另一种类型的数据链路帧。数据链路封装取决于路由器端口的类型及其连接的介质类型。

路由器是如何实现寻址和数据转发的？

路由器内部有一张路由表，这张表标明了如果要去某个地方，下一步应该往哪里走。路由器从某个端口收到一个数据包，它首先把数据链路层的包头去掉（拆包），读取目的 IP 地址，然后查找路由表，若能确定下一步的地址，则再加上数据链路层的包头（打包），把该数据包转发出去；如果不能确定下一步的地址，则向源地址返回一个信息，并把这个数据包丢掉。

6.2.2 路由器的功能

路由器的两个基本功能是路由功能和交换功能。路由器从一个接口接收数据，然后根据路由表选择合适的端口进行转发，其间进行帧的封装与解封装。

学习和维持网络拓扑结构知识的机制被认为是路由功能。要实现路由功能，需要路由器学习和维护以下基本信息。

（1）路由协议。路由协议的种类有很多，如 RIP、OSPP、EGP、BGP、IGRP、EIGRP 等。路由器必须能够识别不同的路由协议，并根据不同的路由协议算法学习网络拓扑机制。

（2）端口的 IP 地址、子网掩码和网关 IP 地址。一旦在端口上配置了 IP 地址和子网掩码，即在端口上启动了 IP，默认情况下 IP 路由是打开的，路由器一旦在端口上配置了三层的地址信息就可以转发 IP 数据包。

（3）目的网络 IP 地址。通常 IP 数据包的转发依据是目的网络 IP 地址，路由表中必须有目的网络的路由条目才能够转发数据包，否则 IP 数据包将被路由器丢弃。

（4）下一跳 IP 地址。下一跳地址信息提供了数据包所要到达的下一个路由器的入口 IP 地址。

路由器要实现数据的交换/转发过程，其间进行帧的封装与解封装，并对数据包作相应的处理，要具备以下功能。

（1）当数据帧到达某一端口时，端口对帧进行循环冗余（CRC）校验并检查其目的数据链路层地址是否与本端口符合，如果通过检查，则去掉帧的封装并读出 IP 数据包中的目的地址信息，查询路由表，决定转发端口与下一跳地址。

（2）获得了转发端口与下一跳地址信息后，路由器将查找缓存中是否已经有在外出端口上进行数据链路层封装所需的信息。如果没有这些信息，路由器则通过相应的进程获得这些信息。外出端口如果是以太网端口，将通过 ARP 获得下一跳 IP 地址所对应的 MAC 地址；如果外出端口是广域网端口，则通过手工配置或自动实现的映射过程获得相应的二层地址信息。

（3）做新的数据链路层封装并依据外出端口上所做的 QoS 策略进入相应的队列，等待端口空闲时进行数据转发。

6.2.3 路由器和交换机的区别

交换机的作用可以简单地理解为将设备连接起来组成一个局域网。路由器的作用在于连接不同的网段并且找到网络中数据传输最合适的路径。路由器与交换机的主要区别体现在以下几个方面。

（1）工作层次不同。最初的交换机是工作在 OSI/RM 开放体系结构的数据链路层，也就是第二层，而路由器一开始就设计工作在 OSI 参考模型的网络层。由于交换机工作在 OSI

参考模型的第二层（数据链路层），所以它的工作原理比较简单，而路由器工作在OSI参考模型的第三层（网络层），可以得到更多的协议信息，路由器可以作出更加智能的转发决策。

（2）数据转发所依据的对象不同。交换机是利用物理地址（或者说MAC地址）来确定转发数据的目的地址，而路由器则是利用不同网络的ID号（即IP地址）来确定转发数据的目的地址。IP地址是在软件中实现的，描述的是设备所在的网络，有时这些第三层的地址也称为协议地址或者网络地址。MAC地址通常是硬件自带的，是由网卡生产商分配的，而且通常已经固化在网卡中，一般来说是不可更收的。IP地址则通常由网络管理员或系统自动分配。

（3）分割冲突域和广播域不同。由交换机连接的网段仍属于同一个广播域，广播数据包会在交换机连接的所有网段上传播，在某些情况下会导致通信拥挤和安全漏洞。连接到路由器上的网段会被分配成不同的广播域，广播数据不会穿过路由器。虽然第三层以上的交换机具有VLAN功能，也可以分割广播域，但是各子广播域之间是不能通信交流的，它们之间的交流仍然需要路由器。

（4）路由器提供了防火墙服务。路由器仅转发特定地址的数据包，不传送不支持路由协议的数据包和未知目标网络的数据包，从而可以防止广播风暴。

6.2.4　路由器常用系统模式和常用帮助类命令

路由器常用系统模式见表6－1。

表6－1　路由器常用系统模式

提示符显示	系统模式	如何进入	简单介绍
Router >	普通用户模式	设备启动后按回车键进入	允许用户查看一些简单的信息，但是不能更改任何信息
Router #	特权模式	在“Router >”下输入“enable”后按回车键进入。如果设置了enable密码，需要正确输入密码后才能进入	在普通用户模式下输入“enable”后才能进入。相对于用户模式有更多权限，比如reload（重启）、write（保存）。特权模式也不能修改交换机的配置
Router（config）#	全局配置模式	在“Router #”下输入“config terminal”后按回车键进入	对设备配置进行修改时必须进入此模式，在该模式下可以进入各种情景模式
Router（config－if）#	端口配置模式	在“Router（config）#”下输入“interface x/x”后按回车键进入。 例如：interface fastEthernet 0/1	配置端口时使用

路由器常用帮助类命令见表6－2。

表 6－2　路由器常用帮助类命令

帮助类命令	用　途
?	显示所有可用命令。例如： Switch > ? Exec commands: <1 -99 >　　Session number to resume connect　　Open a terminal connection disable　　Turn off privileged commands
comand ?	描述该命令所用第一参数选项的文本帮助。例如： Switch#configure ? terminal　Configure from the terminal < cr > Switch#configure
xxx?	以“xxx”开头的命令列表。例如： Switch > ena? enable Switch > ena 再例如： Switch#co? configure　connect　copy Switch#co 说明：以“co”开头有“configure”“connect”“copy”3 个命令
command parm?	功能同“xxx?”。例如： Switch#configure ter? terminal Switch#configure ter
xxx < tab >	命令尚未输入完整时按 Tab 键可以自动补充未完成部分。 如果没有变化说明以“xxx”开头的命令不只一个。例如： Switch#show ip in（此时按 Tab 键） Switch#show ip in（没有变化） Switch#show ip in?（用“in?”命令查看以“in”开头的命令有哪些） inspect　interface Switch#show ip int（输入“int”后按 Tab 键） Switch#show ip interface（此时“interface”自动补充完成）
ctrl + shift + 6	中断当前命令。例如： Switch#asdasdfawaeaweaeadasdwewewewewe（按回车键） Translating "asdasdfawaeaweaeadasdwewewewewe"... domain server(255.255.255.255)（此时按组合键“Ctrl + Shift + 6”能马上退出） % Name lookup aborted Switch#

其他常用命令见表6－3。

路由器在默认情况下物理端口是关闭的，需要进入端口配置模式，用“no shutdown”命令手动开启，其他与交换机基本相同。

表6－3　其他常用命令

Exit	返回上一层模式。例如： Router（config）# Router（config）#interface fastEthernet 0/1 Router（config－if）#exit Router（config）#exit Router#
End	直接退出到特权模式。例如： Router（config）# Router（config）#interface fastEthernet 0/1 Router（config－if）#end Router#
write	保存设备当前配置。例如： Router#write Building configuration... （按回车键） Router#
hostname	配置设备名称。例如： Router（config）#hostname iloveu iloveu（config）#
show	查看相关信息。例如： Router#show running－config Building configuration... Current configuration：971 bytes ! version 12.1 no service timestamps log datetime msec no service timestamps debug datetime msec no service password－encryption ! hostname Router
reload	重启设备。例如： Router#reload Proceed with reload?（此处按回车键后设备会重启）

续表

shutdown	手动关闭端口。例如： Router（config）#interface fastEthernet 0/1 Router（config－if）#shutdown Router（config－if）#
speed	设置端口速率。例如： Router（config）#interface fastEthernet 0/1 Router（config－if）#speed 100　　//设置端口速率为 100 Mbit/s Router（config－if）#
duplex	设置端口双工模式。例如： Router（config）#interface fastEthernet 0/1 Router（config－if）#duplex full　　//设置端口双工模式为"全双工" Router（config－if）#

6.3　任务单

任务 6 的任务单见表 6－4。

表 6－4　任务 6 的任务单

项目二	网络设备的认知与配置				
工作任务	任务 6　路由器的认知与操作			课时	
班级		小组编号		组长姓名	
成员名单					
任务描述	根据实验要求，认识路由器的命令行操作界面和几个基本的系统模式，以及一些基本的操作命令				
工具材料	计算机（1 台）、思科模拟器软件				
工作内容	（1）选择一台路由器，进入命令行操作界面； （2）进入普通用户模式； （3）进入特权模式； （4）进入全局配置模式； （5）进入端口配置模式； （6）切换常用模式； （7）配置系统时间； （8）配置端口				
注意事项	（1）遵守机房的工作和管理制度； （2）注意用电安全，谨防触电； （3）各小组固定位置，按任务顺序展开工作； （4）爱护工具仪器； （5）按规范操作，防止损坏仪器仪表； （6）保持环境卫生，不乱扔废弃物				

6.4　任务实施：路由器的基本操作

路由器的
基本操作

1. 任务准备

选择一台路由器，进入路由器的命令行操作界面，掌握几个基本的系统模式和一些基本的操作命令。使用命令行对路由器进行一些简单基本的操作，包括查看设备当前运行配置、对端口进行简单的配置等。

2. 任务实施步骤

（1）选择一台路由器，进入命令行操作界面，如图 6－1 所示。

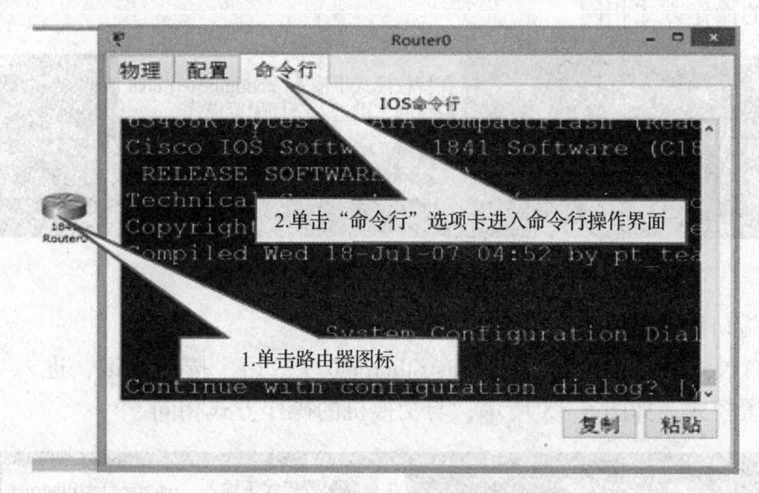

图 6－1　路由器命令行操作界面

（2）进入普通用户模式。

按回车键，进入普通用户模式，如图 6－2 所示。在普通用户模式下可以查看简单信息和进行 ping 等操作。

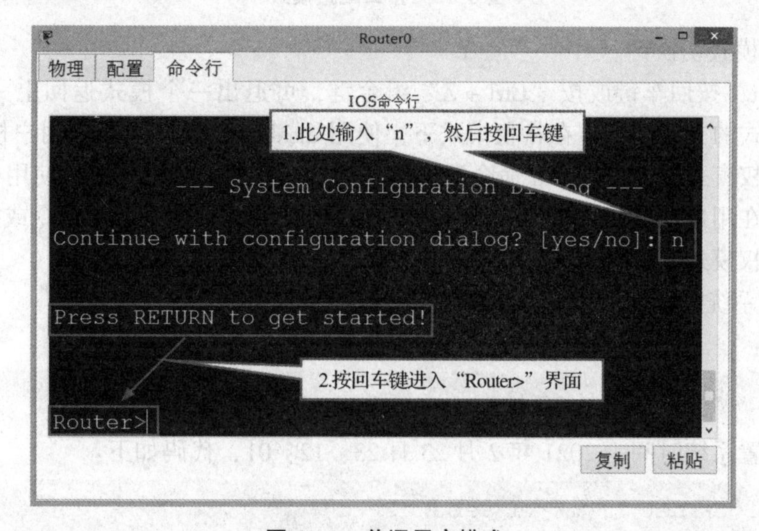

图 6－2　普通用户模式

(3) 进入特权模式。

在普通用户模式下输入“enable”，按回车键，进入特权模式，如图6-3所示。在特权模式下可以显示和配置系统参数，与交换机的操作方式相同。

图6-3　特权模式

(4) 进入全局配置模式。

在特权模式下输入“configure terminal”，按回车键，进入全局配置模式，如图6-4所示，与交换机的操作方式相同。

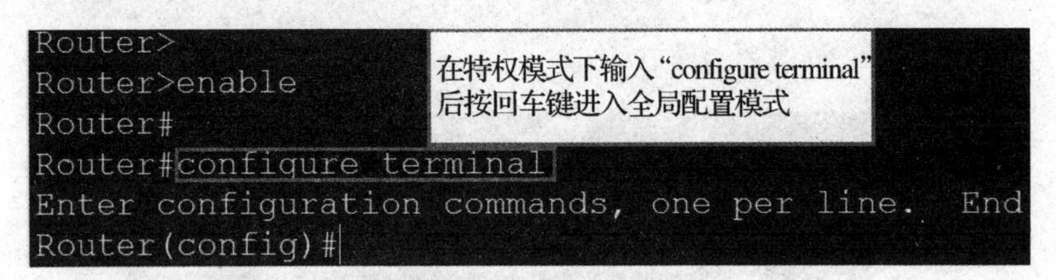

图6-4　全局配置模式

(5) 进入端口配置模式。

在全局配置模式下输入“interface fastEthernet0/1”后，按回车键，进入“0槽位1端口”的端口配置模式，如图6-5所示，与交换机的操作方式相同。

图6-5　接口配置模式

(6) 常用模式切换键。

输入“exit”按回车键或按“Ctrl+Z”组合键，可退出一个模式返回上一级模式。退出各种命令模式的方法如下：在特权模式下，使用disable命令返回普通用户模式；在普通用户模式和特权模式下，使用exit命令退出路由器；在其他命令模式下，使用exit命令返回上一级模式；在用户模式和特权模式以外的其他系统模式下，使用end命令或按“Ctrl+Z”组合键返回特权模式。

(7) 配置系统时间。

规则如下：

```
ZXR10#clock set <hh:mm:ss> <month> <day> <year>
```

例如：配置系统时间为2021年2月23日23：12：01，代码如下：

```
ZXR10#clock set 23:12:01 feb 23 2021
```

（8）配置端口。

①物理接口：实际存在的端口，如以太网端口、POS 端口、ATM 端口等。命令规则：< 接口类型 >_ < 槽位号 >/ < 端口号 >. < 子端口或通道号 >

例：gei_ 1/1，pos3_ 4/1

②逻辑接口：虚拟端口，需要通过配置来创建，如 Loopback 端口、VLAN 子端口等。命令规则：< 接口类型 > < 子接口 >

例：loopback2。

进入端口配置模式：ZXR10(config)# interface < interface - name >

配置端口 IP 地址：ZXR10(config - if)#ip address < ip - addr > < net - mask >[< broadcast - addr >][secondary]

查看端口的 IP 地址：ZXR10#show ip interface[brief][< interface - name >]

6.5　任务评价

任务 6 的任务评价见表 6 - 5。

表 6 - 5　任务 6 的任务评价

项目二　网络设备的认知与配置							
任务 6　路由器的认知与操作							
班 级				小组编号			
分数 姓名 标准							
责任心	10						
知识点掌握	30						
操作步骤规范	10						
团队协作	10						
结果验证成功	40						

拓展案例

光纤熔接的操作步骤

1. 光纤的熔接

（1）操作工具：光纤热缩管、剥皮钳、光纤切割器、无尘纸、酒精等。

（2）开启熔接机：为了得到好的熔接质量，在开始熔接操作前，要清洁和检查仪器。

（3）开机：让熔接机预热

（4）制备光纤。

①清洁光纤涂覆层。用蘸有酒精的纱布清洁光纤涂覆层。

②套光纤热缩管。将光纤从光纤热缩管的热熔管中完全穿过。

③剥纤和清洁。用剥皮钳剥除光纤涂覆层，长度为30～40 mm。用高浓度酒精清洁裸纤。

④切割光纤端面。

（5）打开光纤压板，把剥好的光纤放置于V形槽内，根据需要的长度确定切割长度。

（6）按下光纤压板，固定光纤。

（7）关上盖子确保光纤端面在一直线上。

（8）把刀架推向后边。

（9）按下按钮。

（10）打开切割刀盖。

（11）小心取出切割好的光纤以防损坏光纤端面。

（12）清理切割掉的光纤，切勿损坏刀片，以备日后使用。

（13）放置光纤。

①打开防风罩。

②打开左、右光纤压板。

③放置光纤于V形槽内。

将光纤放进熔接机时，确保光纤没有弯曲。

如果光纤由于记忆效应形成卷曲或弯曲，转动光纤使隆起部分朝下。

注意防止光纤端面损坏和污染。光纤端面接触任何物体，包括V形槽底部，都可能降低接续质量。

④轻轻关闭光纤压板以压住光纤。

观察放置在V形槽内的光纤。光纤必须放入V形槽底部。如果没有放好，拿出重新放置。

光纤端面必须放置在V形槽前端，位于电极中心线之间。光纤端面不必被精确地放置在中点。

⑤同样安装第二根光纤，重复步骤③和④。

⑥轻轻关闭左、右光纤压板。

⑦关闭防风罩。

（14）进行熔接操作。

开始自动熔接程序，熔接机自动向前移动左、右光纤。在完成电弧清洁放电后，光纤将停止在预先设定的位置（当光纤向前移动并且出现上下跳动时，可能是V形槽或光纤表面被污染。这时应清洁V形槽并重新制备光纤）。

进行切割角度测量和纤芯对准操作，当熔接机在运行或暂停时，可以通过肉眼观察光纤端面的情况（即使没有切割角度的错误信息提示，发生缺损、毛刺、斜面情况时，也应重新制备光纤）。

当超出切割角度容限时，会显示错误信息提示——“光纤端面不良”，这时也要重新切割光纤。

对准光纤之后，熔接机将产生一个高压放电电弧使光纤熔接在一起。

电弧放电期间，可以在显示屏上观察光纤图像。如果图像上某些部分展现出非常亮的点，那是由于燃烧了附在光纤端面的污点，再此情况下纤芯可能变形。虽然变形可以被损耗估算功能检测到，但不建议重新熔接。

当熔接状态异常时，熔接机将显示错误信息提示——“熔接失败”。这时需要重新熔接（在熔接前应对光纤进行测试，以选择适当的状态，避免出现该现象。若出现该现象，需重新进行光纤测试）。熔接点稍粗是正常的，熔接损耗和可靠性都没有问题。

（15）打开防风罩，熔接机将自动的进行张力试验并记录接续结果。接续结果将储存于熔接机记忆芯片中。

（16）取出光纤。

①打开防风罩（加热器夹具必须打开，准备放置光纤和光纤热缩管）。

②打开左、右光纤压板。

③从熔接机中取出光纤。

（17）加固熔接点。

①将光纤热缩管滑至熔接处的中心，并放入加热器槽（确保熔接点和光纤热缩管在加热器中心，确保加固金属体朝下放置，确保光纤无扭曲）。

②在拉紧光纤的同时，将光纤放低后放入加热器。左、右加热器夹具将自动关闭。

③盖上加热器玻璃盖板（再次检查熔接点和光纤热缩管是否在加热器中心）。

④加热按键。加热完毕后，加热灯熄灭。

⑤打开左、右加热器夹具。拉紧光纤，轻轻地取出加固后的熔接点（有时光纤热缩管可能粘在加热器底部，仅使用一个棉签或同等柔软的尖状物体就可以轻轻推出保护套）。

⑥观测光纤热缩管内的气泡和杂质（若不合格应重新做）。

2. 交换机的配置

1）设置系统名称

```
Switch > ----- 普通用户模式
Switch # ------ 特权模式
Switch(config)# -------- 全局模式
Switch(config)#interface fei_1/1          //进入交换机 fei_0/1 端口
Switch(config-if)# ------------ 子端口模式
Switch >enable                            //进入特权模式
Switch #configure terminal                //进入全局配置模式
Switch(config)#hostname ZTE               //将系统性命名为 ZTE
Switch(config)#exit                       //退出用 exit 命令
```

2）设置系统日期和时间

```
Switch #clock set 15:52:35 oct 22 2015        //特权模式下
验证方法:
Switch #show clock ------- 显示设备当前的系统时间
```

3）设置设备特权模式密码

```
Switch(config)#enable secret zte        //设置 enable 密码
验证方法:
Switch(config)#exit
Switch #exit
```

```
按回车键
Switch >输入 enable
Password:输入你的 enable 密码。
```

4）查看路由表

```
Switch #show ip route
```

5）显示当前运行配置文件

```
Switch #show  running-config
```

6）保存配置文件

```
Switch #write
```

7）显示启动配置文件

```
Switch(config)# show  start  running-config
Switch #show start running-config
```

8）对端口配置地址命令

```
Switch(config)#interface  fei_0/0
Switch(config-if)#ip address 192.168.1.1  255.255.255.0
```

3. 路由器配置

1）设置系统名称

```
    Router > ----- 普通用户模式
    Router # ------ 特权模式
    Router(config)# -------- 全局模式
    Router(config)#interface fei_1/1        //进入交换机 fei_0/1 端口
    Router(config-if)# ------------- 子端口模式
    Router >enable                          //进入特权模式
Router #configure terminal                  //进入全局配置模式
Router(config)#hostname ZTE                 //将系统性命名为 ZTE
Router(config)#exit                         //退出用 exit 命令
```

2）设置系统日期和时间

```
Router #clock set 15:52:35 oct 22 2015      //特权模式下
验证方法:
    Router #show clock ------- 显示设备当前的系统时间
```

3）设置设备特权模式密码

```
    Router(config)#enable secret zte         //设置 enable 密码
验证方法:
Router(config)#exit
Router #exit
按回车键
Router >输入 enable
Password:输入你的 enable 密码。
```

4）查看路由表

```
Router #show ip route
```

5）显示当前运行配置文件

```
Router #show  running-config
```

6）保存配置文件

```
Router #write
```

7）显示启动配置文件

```
Router(config)# show  start  running-config
Router #show start running-config
```

8）对端口配置地址命令

```
Router(config)#interface  fei_0/0
Router(config-if)#ip address 192.168.1.1  255.255.255.0
Router(config-if)#no shutdown
```

思考与练习

一、填空题

1. 路由器的两个基本功能是路由功能和________。

2. 要实现路由功能，需要路由器学习和维护________和网关 IP 地址、目的网络 IP 地址、下一跳 IP 地址。

3. 路由器工作在________，它的核心作用是实现网络互连和数据转发。

4. 交换机有 3 个主要功能：________、转发和过滤功能、环路避免功能。

5. 同轴电缆分为粗同轴电缆和________。

6. 用于局域网设备互连的线缆主要有：同轴电缆、双绞线、________。

二、选择题

1. 关于交换机的说法正确的是（　　）。

A. 交换机工作在数据链路层　　B. 交换机可以分割冲突域

C. 交换机可以分割广播域　　D. 交换机没有逻辑计算能力

2. 关于双绞线的说法正确的是（　　）。

A. 双绞线用两条相互绝缘的导线互相缠绕，目的是抗干扰。

B. 双绞线的制作方法有两种：直连和交叉。

C. 交换机与交换机互连用交叉线。

D. 计算机与路由器互连用直连线。

3. 下列哪项不是交换机的主要功能？(　　)

A. 地址学习功能　　B. 寻找路由功能

C. 转发和过滤功能　　D. 环路避免功能

4. 关于路由器的说法正确的是（　　）。

A. 路由器工作在数据链路层　　B. 路由器不可以分割冲突域

C. 路由器可以分割广播域　　D. 路由器没有逻辑计算能力

5. 下列哪些不是局域网中常用的线缆？(　　)

A. 双绞线　　B. 光纤　　C. 电线　　D. 同轴电缆

三、思考题

1. 路由器和交换机的区别是什么？

2. 路由器要实现数据的交换/转发过程，其间进行帧的封装与解封装，并对数据包作相应的处理，要具备哪些功能？

3. 路由器的功能是什么？

4. 路由器是如何实现寻址和数据转发的？

5. CSMA/CD 是在共享介质的条件下进行多点通信的有效手段，其工作机制是怎样的？

项目三

局域网的认知与组建

背景描述

随着公司的发展和网络用户的不断增多，需要组建新的局域网。小赵根据现有设备和搭建局域网的需求，采用不同的技术组建局域网。

学习目标

学习目标1：组建VLAN。要求掌握VLAN技术基本原理，掌握使用交换机配置VLAN的基本方法。

学习目标2：实现VLAN的互连。要求掌握不同VLAN相互通信的配置方法。

学习目标3：利用链路聚合技术组建网络。掌握链路聚合技术的基础知识。

任务分解

任务7：通过交换机组建基础VLAN
任务8：通过交换机实现VLAN的互通
任务9：通过链路聚合技术实现网络组建

任务7　通过交换机组建基础VLAN

7.1　任务描述

小赵是某公司负责公司内部网络的实习员工，公司有技术部和销售部，为了数据安全、便于管理和提高网络的速度，技术部和销售部需要互相隔离，技术部和销售部分处于不同的VLAN中，现要在交换机上进行适当配置来实现这一目的。部门负责人让小赵通过思科模拟器软件将两个部门划分到不同的VLAN，以隔离广播域，从而考核小赵的组网能力，请协助小赵完成此项任务。

7.2　相关知识

7.2.1　VLAN 的定义及功能

VLAN 的技术原理

以太网是一种基于 CSMA/CD 的共享通信介质的数据网络通信技术。当主机数目较多时，该技术会导致冲突严重、广播泛滥、性能显著下降，甚至造成网络不可用等问题。通过交换机实现 LAN 互连虽然可以解决冲突严重的问题，但仍然不能隔离广播报文，提升网络质量。

在上述背景下产生了虚拟局域网（Virtual Local Area Network，VLAN）技术，它是一种通过将局域网内的设备逻辑地而不是物理地划分成一个个网段来实现虚拟工作组的新兴技术。

一个交换网络就是一个广播域，计算机 PC1 广播一个数据包，网络中所有计算机都会收到该数据包。广播的数据包过多将导致网络瘫痪。对于单播帧，计算机 PC1 尽管只想发送单播帧给计算机 PC6，但基于交换机的转发特性，计算机 PC3 和 PC4 也收到了单播帧，这就可能存在安全隐患。所以，广播域范围过大，不仅会影响网络性能，还可能会对网络安全产生威胁，因此要合理分割广播域。可以使用 VLAN 技术，划分 VLAN 后广播帧只在自己的 VLAN 中广播，单播帧也只到达目标主机。

使用 VLAN 能给交换机带来以下改进。

（1）限制广播域。广播域被限制在一个 VLAN 中，节省了带宽，提高了网络处理能力。

（2）增强局域网的安全性。不同 VLAN 内的报文在传输时是相互隔离的，即一个 VLAN 内的用户不能和其他 VLAN 内的用户直接通信。

（3）提高了网络的健壮性。故障被限制在一个 VLAN 内，本 VLAN 内的故障不会影响其他 VLAN 的正常工作。

（4）VLAN 可以灵活构建。VLAN 可以将不同的用户划分到不同的工作组中，同一工作组中的用户也不必被局限在某一固定的物理范围内，网络构建和维护更加方便灵活。

7.2.2　VLAN 的划分方法

VLAN 的划分方法为以下几种。

（1）基于端口划分；

（2）基于 MAC 地址划分；

（3）基于网络层协议划分；

（4）基于 IP 地址划分；

（5）基于 IP 组播划分。

1. 基于端口划分

基于端口划分是最常应用的一种 VLAN 划分方法，应用最为广泛、最有效，目前绝大多数 VLAN 协议的交换机都提供这种 VLAN 划分方法。这种方法明确指定各端口属于哪个 VLAN，操作简单，但主机较多时，重复工作量大，主机端口变动时，需要同时改变该端口所属的 VLAN。

2. 基于 MAC 地址划分

该方法是根据主机网卡的 MAC 地址进行划分（每个网卡都有世界上唯一的 MAC 地址）。通过检查并记录端口所连接的网卡的 MAC 地址来决定端口所属的 VALN。

3. 基于网络层协议划分

基于网络层协议，可将分为 IP、IPX、DECnet、AppleTalk、Banyan 等类型。这种基于网络层协议组成的 VLAN，可使广播域跨越多个 VLAN 交换机。这对于希望针对具体应用和服务来组织用户的网络管理员来说是非常具有吸引力的。而且，用户可以在网络内部自由移动，但其 VLAN 成员身份仍然保持不变。这种方法的优点是用户的物理位置改变时，不需要重新配置其所属的 VLAN，而且可以根据协议类型划分 VLAN。

4. 基于 IP 地址划分

该方法是将任何属于同一 IP 广播组的主机认为属于同一 VLAN，具有良好的灵活性和可扩展性，可以方便地通过路由器扩展网络，但是不适合局域网，效率不高。

5. 根据 IP 组播划分

IP 组播实际上也是一种 VLAN 的定义，即认为一个 IP 组播组就是一个 VLAN。这种划分方法将 VLAN 扩大到了广域网，因此这种方法具有更大的灵活性，而且也很容易通过路由器进行扩展，主要适合不在同一地理范围内的局域网用户组成一个 VLAN，不适合局域网，效率不高。

7.2.3 VLAN 的端口类型

为了适应不同的连接和组网，协议定义交换机的端口支持多种类型，支持的类型分为 Access 端口、Trunk 端口、Hybrid 端口 3 种端口类型。下面分别描述它们的区别。

VLAN 端口类型分析

1. Access 端口

Access 端口和不能识别标签的用户终端（如主机、服务器等）相连。它只能收发 Untagged 帧，且只能为 Untagged 帧添加唯一的 VLAN 标签（Untagged 帧进入交换机或路由器后，对应链路为接入链路）。数据报文进入 Access 端口后，将添加 VLAN 标签；数据报文输出 Access 端口时，将剥离 VLAN 标签。Access 端口一般在连接主机时使用，发送不带标签的报文。

2. Trunk 端口

Trunk 端口一般用于交换机间的互连、交换机和路由器之间的互连（路由器配置三层子端口）等，它允许携带不同 VLAN 标签的数据帧通过。Trunk 端口一般在交换机级联端口传递多组 VLAN 信息时使用。

3. Hybrid 端口

Hybrid 端口既可以用于连接不能识别 VLAN 标签的用户终端（如主机、服务器等）和网络设备（如集线器、老式交换机），也可以用于连接识别 VLAN 标签的交换机、路由器。它可以允许多个携带不同 VLAN 标签的数据帧通过；也可以根据实际需要，让某些数据帧携带 VLAN 标签（即不剥离 VLAN 标签）通过，让某些数据帧不携带 VLAN 标签（即剥离

VLAN 标签）通过。

7.3　任务单

任务 7 的任务单见表 7－1。

表 7－1　任务 7 的任务单

<table>
<tr><td>项目三</td><td colspan="6">局域网的认知与组建</td></tr>
<tr><td>工作任务</td><td colspan="4">任务 7　通过交换机组建基础 VLAN</td><td>课时</td><td></td></tr>
<tr><td>班级</td><td></td><td>小组编号</td><td></td><td>组长姓名</td><td colspan="2"></td></tr>
<tr><td>成员名单</td><td colspan="6"></td></tr>
<tr><td>任务描述</td><td colspan="6">根据实验要求，搭建网络拓扑结构，通过交换机组建基础 VLAN</td></tr>
<tr><td>工具材料</td><td colspan="6">计算机（1 台）、思科模拟器软件</td></tr>
<tr><td>工作内容</td><td colspan="6">（1）按照网络拓扑结构，组建网络；
（2）创建 VLAN；
（3）设置 Trunk 端口；
（4）端口添加 VLAN；
（5）配置 PC0～PC7 这 8 台计算机的 IP 地址和子网掩码；
（6）进行结果验证。
用 ping 命令验证网络的连通性。
在 PC0 上 ping 10.0.0.2、10.0.0.3、10.0.0.4，查看测试结果，都 ping 通则正常，因为都在同一个 VLAN 中。
在 PC0 上 ping 20.0.0.2、20.0.0.3、20.0.0.4，查看测试结果，都 ping 不通则正常，因为都不在同一个 VLAN 中。
在 PC2 上 ping 20.0.0.2、20.0.0.3、20.0.0.4，查看测试结果，都 ping 通则正常，因为都在同一个 VLAN 中。
在 PC2 上 ping 10.0.0.2、10.0.0.3、10.0.0.4，查看测试结果，都 ping 不通则正常，因为都不在同一个 VLAN 中</td></tr>
<tr><td>注意事项</td><td colspan="6">（1）遵守机房的工作和管理制度；
（2）注意用电安全，谨防触电；
（3）各小组固定位置，按任务顺序展开工作；
（4）爱护工具仪器；
（5）按规范操作，防止损坏仪器仪表；
（6）保持环境卫生，不乱扔废弃物</td></tr>
</table>

7.4　任务实施：通过交换机组建基础 VLAN

对交换机进行 VLAN 的配置

1. 任务准备

使用两台交换机采用级联的方式进行组建局域网，并对交换机进行 VLAN 的配置。本任务有 8 台计算机和两台交换机，其中 PC0、PC1、PC4、

PC5属于技术部，划分在VLAN10；PC2、PC3、PC6、PC7属于销售部，划分在VLAN20。交换机SW1和SW2通过千兆以太网0/1端口相连，此端口设置成Trunk端口，需要实现SW1和SW2之间VLAN互通。

2. 任务实施步骤

（1）按照图7-1搭建网络。

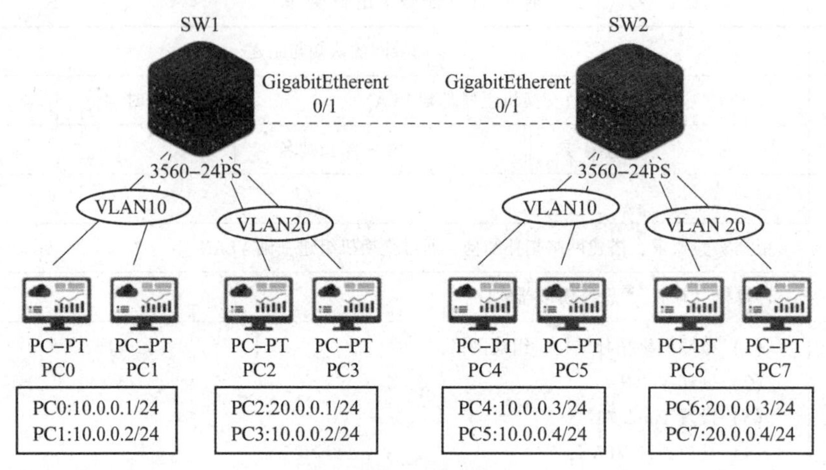

图7-1　网络拓扑

（2）创建VLAN。

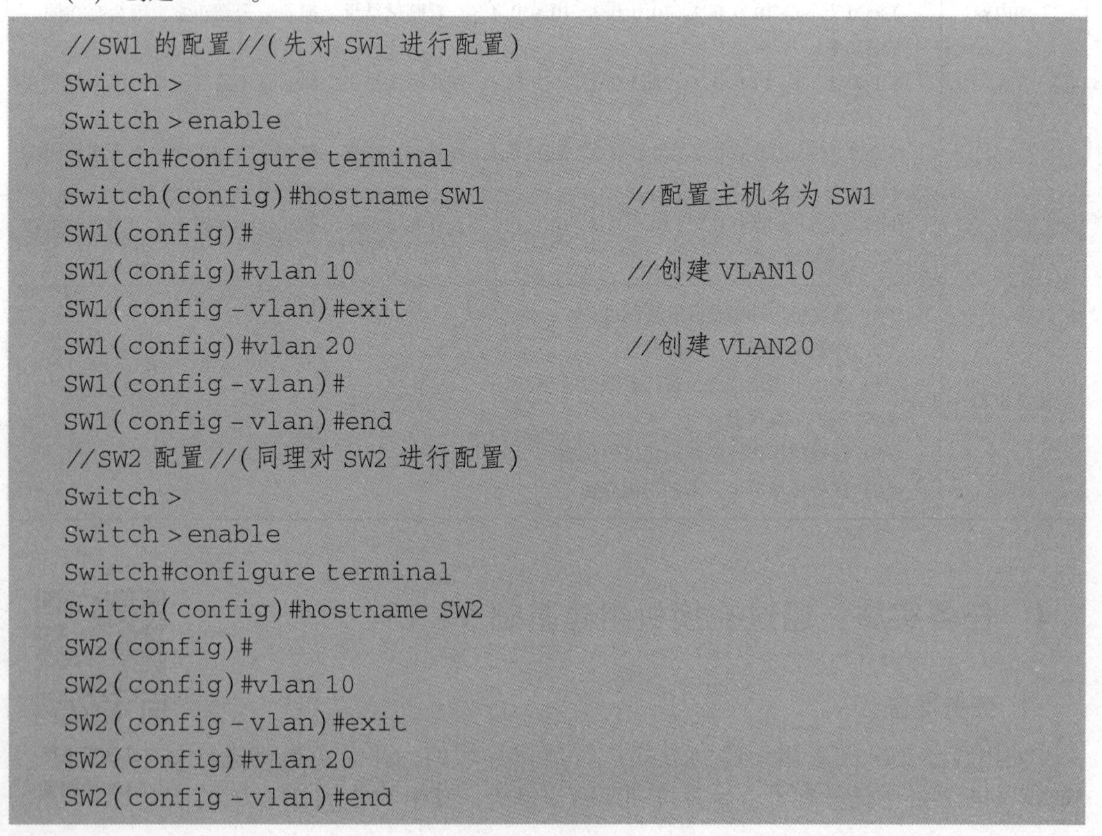

```
//SW1 的配置//(先对 SW1 进行配置)
Switch>
Switch>enable
Switch#configure terminal
Switch(config)#hostname SW1              //配置主机名为 SW1
SW1(config)#
SW1(config)#vlan 10                      //创建 VLAN10
SW1(config-vlan)#exit
SW1(config)#vlan 20                      //创建 VLAN20
SW1(config-vlan)#
SW1(config-vlan)#end
//SW2 配置//(同理对 SW2 进行配置)
Switch>
Switch>enable
Switch#configure terminal
Switch(config)#hostname SW2
SW2(config)#
SW2(config)#vlan 10
SW2(config-vlan)#exit
SW2(config)#vlan 20
SW2(config-vlan)#end
```

（3）设置 Trunk 端口。

```
//SW1 配置//(先对 SW1 进行配置)
SW1#configure terminal
SW1(config)#interface gigabitEthernet 0/1
SW1(config-if)#switchport trunk encapsulation dot1q
//设置 Trunk 端口封装格式为 802.1q
SW1(config-if)#switchport mode trunk
//设置端口工作模式为 Trunk
SW1(config-if)#end
//SW2 配置//(同理对 SW2 进行配置)
SW2#configure terminal
SW2(config)#interface gigabitEthernet 0/1
SW2(config-if)#switchport trunk encapsulation dot1q
SW2(config-if)#switchport mode trunk
SW2(config-if)#end
```

（4）端口添加 VLAN。

```
//SW1 配置//
SW1(config)#interface range fastEthernet 0/1-2
SW1(config-if-range)#switchport access vlan 10
//将 VLAN10 以 Access 方式添加到端口 FastEthernet0/1 和 FastEthernet0/2。range 表示范围,需要配置的端口连续时可以这样使用
SW1(config-if-range)#exit
SW1(config)#
SW1(config)#interface range fastEthernet 0/3-4
SW1(config-if-range)#switchport access vlan 20
//将 VLAN20 以 Access 方式添加到端口 FastEthernet0/3 和 FastEthernet0/4
SW1(config-if-range)#exit
SW1(config)#
SW1(config)#interface gigabitEthernet 0/1
SW1(config-if)#switchport trunk allowed vlan 10,20
//将 VLAN10、VLAN20 这两个 VLAN 以 Trunk 方式添加到端口 GigabitEthernet0/1,用 10,20 表示 VLAN10 与 VLAN20 这两个 VLAN,如果 10 连续到 20 可以用 10~20 这 11 个 VLAN
//SW2 的配置方法同 SW1//
SW2(config)#interface range fastEthernet 0/1-2
SW2(config-if-range)#switchport access vlan 10
SW2(config)#interface range fastEthernet 0/3-4
SW2(config-if-range)#switchport access vlan 20
SW2(config)#interface gigabitEthernet 0/1
SW2(config-if)#switchport trunk allowed vlan 10,20
```

（5）配置 PC0 ~ PC7 这 8 台计算机的 IP 地址和子网掩码。

（6）用 ping 命令验证网络的连通性。

在 PC0 上 ping 10.0.0.2、10.0.0.3、10.0.0.4，查看测试结果，都 ping 通则正常，因为都在同一个 VLAN 中。

在 PC0 上 ping 20.0.0.2、20.0.0.3、20.0.0.4，查看测试结果，都 ping 不通则正常，因为都不在同一个 VLAN 中。

在 PC2 上 ping 20.0.0.2、20.0.0.3、20.0.0.4，查看测试结果，都 ping 通则正常，因为都在同一个 VLAN 中。

在 PC2 上 ping 10.0.0.2、10.0.0.3、10.0.0.4，查看测试结果，都 ping 不通则正常，因为都不在同一个 VLAN 中。

7.5 任务评价

任务 7 的任务评价见表 7－2。

表 7－2　任务 7 的任务评价

项目三　局域网的认知与组建							
任务 7　通过交换机组建基础 VLAN							
班级				小组编号			
分数 / 姓名 / 标准							
责任心	10						
知识点掌握	30						
操作步骤规范	10						
团队协作	10						
结果验证成功	40						

任务 8　通过交换机实现 VLAN 间的互通

8.1 任务描述

某企业有两个主要部门——技术部和销售部，它们分处于不同的办公室。为了安全和便于管理，对这两个部门的主机进行了 VLAN 划分，使技术部和销售部网络分处于不同的 VLAN 中。现由于业务需求，需要销售部和技术部的主机能够相互进行访问，获得相应资源。为了解决这一问题，小赵准备用一台三层交换机来进行 VLAN 间的转发，实现 VLAN

间的互通，两个部门的交换机通过一台三层交换机进行连接。

8.2　相关知识

我们通过任务7已经知道两台计算机即使连接在同一台交换机上，只要所属的VLAN不同就无法直接通信。接下来介绍如何在不同的VLAN间进行路由，使分属于不同VLAN的主机能够互相通信。

为什么不同的VLAN不通过路由就无法通信？在VLAN内通信时，必须在数据帧头中指定通信目标的MAC地址，为了获取MAC地址，在TCP/IP下使用的是ARP。ARP是通过广播解析MAC地址的。也就是说，如果广播报文无法到达，那么ARP就无法解析MAC地址，亦即无法直接通信。

计算机分属于不同的VLAN，也就意味着分属于不同的广播域，自然收不到彼此的广播报文。因此，属于不同VLAN的计算机之间无法直接通信。为了能够在VLAN间通信，需要利用OSI参照模型中更高一层——网络层的信息（IP地址）来进行路由。

路由功能一般主要由路由器提供。但在今天的局域网里，也经常利用带有路由功能的交换机——三层交换机（Layer 3 Switch）来实现。接下来介绍使用三层交换机进行VLAN间路由时的情况。

8.3　任务单

任务8的任务单见表8－1。

表8－1　任务8的任务单

项目三	局域网的认知与组建				
工作任务	任务8　通过交换机实现VLAN间的互通			课时	
班级		小组编号		组长姓名	
成员名单					
任务描述	根据实验要求，搭建网络拓扑结构，通过交换机实现VLAN间的互通				
工具材料	计算机（1台）、思科模拟器软件				
工作内容	（1）按照网络拓扑结构，组建网络； （2）配置计算机的IP地址和网关； （3）配置两台交换机的VLAN； （4）启用三层交换机的IP路由功能，并配置VLAN端口； （5）验证网络的连通性				
注意事项	（1）遵守机房的工作和管理制度； （2）注意用电安全，谨防触电； （3）各小组固定位置，按任务顺序展开工作； （4）爱护工具仪器； （5）按规范操作，防止损坏仪器仪表； （6）保持环境卫生，不乱扔废弃物				

8.4 任务实施：通过交换机实现 VLAN 间的互通

三层交换机配置 VLAN 端口的方式

1. 任务准备

三层交换机通过快速以太网 0/24 端口和二层交换机的快速以太网 0/24 端口相连。两个端口的工作模式都为 Trunk。二层交换机下面连接两台计算机，交换机的快速以太网 0/1 端口连接 PC0，快速以太网 0/2 端口连接 PC 1。使用三层交换机，通过配置 VLAN 端口的方式实现 VLAN 间的路由。

2. 任务实施步骤

（1）按照图 8－1 搭建网络。

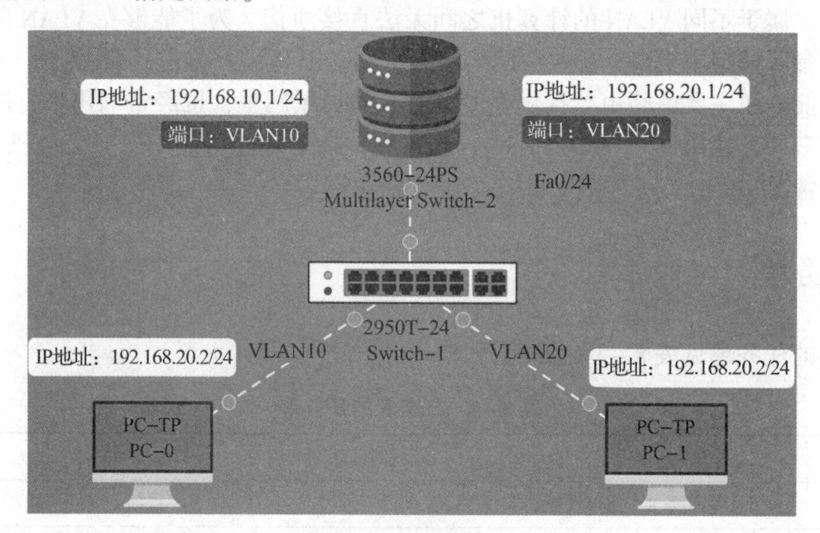

图 8－1　网络拓扑

（2）配置计算机的 IP 地址和网关。

（3）配置两台交换机的 VLAN。

```
Switch-1 的 VLAN 配置：
Switch(config)#hostname Switch-1
Switch-1(config)#vlan 10
Switch-1(config-vlan)#exit
Switch-1(config)#vlan 20
Switch-1(config-vlan)#exit
Switch-1(config)#interface fastEthernet 0/24
Switch-1(config-if)#switchport mode  trunk
Switch-1(config-if)# switchport trunk allowed vlan 10,20
Switch-1(config-if)#exit
```

```
Switch-1(config)#interface fastEthernet 0/1
Switch-1(config-if)#switchport access vlan 10
Switch-1(config-if)#exit
Switch-1(config)#interface fastEthernet 0/2
Switch-1(config-if)#switchport access vlan 20
Switch-2 的 VLAN 配置:
Switch(config)#hostname Switch-2
Switch-2(config)#vlan 10
Switch-2(config-vlan)#exit
Switch-2(config)#vlan 20
Switch-2(config-vlan)#exit
Switch-2(config)#interface fastEthernet 0/24
Switch-2(config-if)#switchport trunk encapsulation dot1q//3560交换机需要配置 Trunk 封装类型为 dot1q
Switch-2(config-if)#switchport mode  trunk
Switch-2(config-if)# switchport trunk allowed vlan 10,20
Switch-2(config-if)#exit
```

(4) 启用三层交换机的 IP 路由功能，并配置 VLAN 端口。

```
Switch-2(config)#ip routing
     //启用 IP 路由功能
Switch-2(config)#interface vlan 10
Switch-2(config-if)#no shutdown
//VLAN 端口默认为关闭,需要用此命令启用
Switch-2(config-if)# ip address 192.168.10.1 255.255.255.0
Switch-2(config-if)#exit
Switch-2(config)# interface vlan 20
Switch-2(config-if)# ip address 192.168.20.1 255.255.255.0
```

(5) 验证网络的连通性。

①在交换机 Switch-2 上查看配置子端口后的直连路由。

```
Switch-2#show ip route connected
C   192.168.10.0/24   is directly connected,Vlan10
C   192.168.20.0/24   is directly connected,Vlan20
```

②保证 PC-0 能够 ping 通 PC-1。

8.5 任务评价

任务 8 的任务评价见表 8－2。

表 8－2 任务 8 的任务评价

项目三 局域网的认知与组建							
任务 8 通过交换机实现 VLAN 间的互通							
班 级				小组编号			
分数 标准 姓名							
责任心	10						
知识点掌握	30						
操作步骤规范	10						
团队协作	10						
结果验证成功	40						

任务 9 通过链路聚合技术进行网络组建

9.1 任务描述

小赵是某公司负责公司内部网络的实习员工，两个办公室分别使用一台交换机提供多个信息点，两个办公室的通过一根级联网线互通。每个办公室的信息点都是“百兆到桌面”。两个办公室之间的带宽也是 100 Mbit/s，如果办公室之间需要大量传输数据，就会明显感觉带宽资源紧张。当楼层之间大量用户都希望以 100 Mbit/s 的带宽传输数据的时候，楼层间的链路就呈现独木桥的状态，必然造成网络传输效率下降等后果。

解决这个问题的办法是提高楼层主交换机之间的连接带宽，实现的办法可以是采用千兆端口替换原来的 100 M 端口进行互连，但这样无疑会增加组网的成本，需要更新端口模块，并且线缆也需要作进一步的升级。部门负责人让小赵想办法利用原有设备，在不增加组网成本的情况下解决此问题，那么相对经济的升级办法就是使用链路聚合（Link Aggregation）技术，请协作小赵完成此项任务。

9.2　相关知识

9.2.1　链路聚合概述

在传统的园区网中，由于接入层百兆和千兆业务的普及，对骨干汇聚线路的业务承载能力和稳定性要求越来越高，并且容易出现带宽瓶颈。如果要引进万兆及以上处理能力的网络设备组网，成本将非常高。链路聚合技术提供了一种经济实用的组网解决方案，能够极大地提高骨干链路的带宽和可靠性。

链路聚合是指将多个物理端口捆绑在一起，成为一个逻辑端口，以实现出/入流量在各成员端口中的负荷分担，交换机根据用户配置的端口负荷分担策略决定报文从哪一个成员端口发送到对端的交换机。当交换机检测到其中一个成员端口的链路发生故障时，就停止在此端口上发送报文，并根据负荷分担策略在剩下的链路中重新计算报文发送的端口，故障端口恢复后再次重新计算报文发送端口。链路聚合技术在增加链路带宽、实现链路传输弹性和冗余等方面是一项很重要的技术。

链路聚合技术将两台交换机间的多条平行物理链路捆绑为一条大带宽的逻辑链路。如两台交换机间有 3 条带宽为 100 Mbit/s 的链路，捆绑后认为两台交换机间存在一条单向带宽为 300 Mbit/s，双向带宽为 600 Mbit/s 的逻辑链路。聚合链路在生成树环境中被认为是一条逻辑链路，如图 9－1 所示。链路聚合技术要求被捆绑的物理链路具有相同的特性，如带宽、双工方式等，如果是 Access 端口，应属于相同的 VLAN。

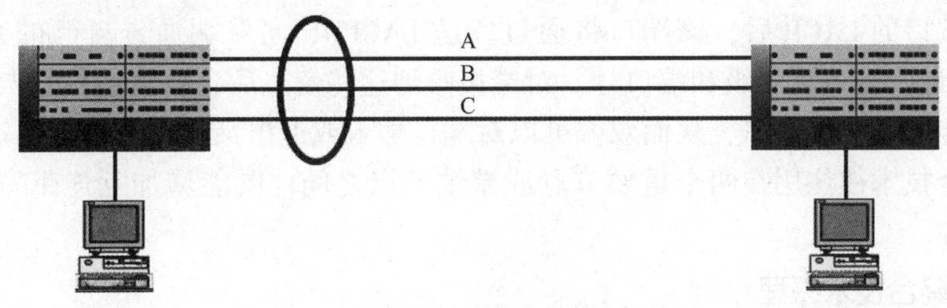

图 9－1　聚合链路

如果聚合的每条链路都遵循不同的物理路径，则聚合链路也提供冗余和容错。通过调制解调器链路或者数字线路，链路聚合技术可用于改善对公共网络的访问。链路聚合技术也可用于企业网络，以便在万兆以太网交换机之间构建多条吉比特量级的主干链路。

9.2.2　链路聚合技术的优点

链路聚合技术有以下优点。

（1）增加网络带宽。

链路聚合技术可以将多条链路捆绑成为一条逻辑链路，捆绑后的链路带宽是每个独立链路带宽的总和。

（2）提高网络连接的可靠性。

聚合链路中的多条链路互为备份，当有一条链路断开时，流量会自动在剩下的链路间重新分配。如图 9－2 所示，当有一条链路，例如 C 断开时，流量会自动在剩下的 A、B 两条链路间重新分配。

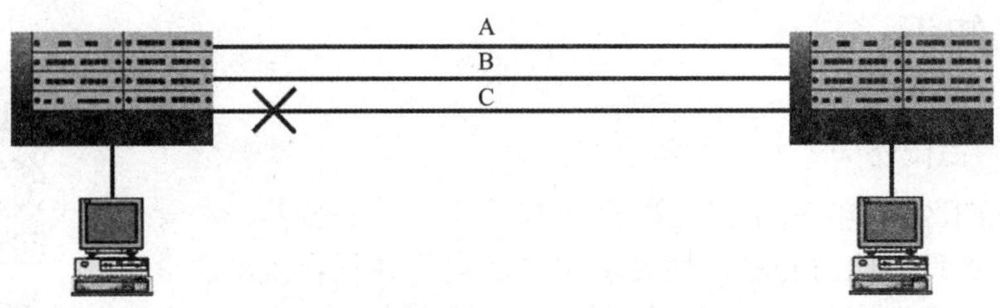

图 9-2 聚合链路中流量的自动分配

（3）避免二层环路。

（4）实现链路传输弹性和冗余。

9.2.3 链路聚合的方式

链路聚合的方式主要有以下两种。

1. 静态 Trunk

静态 Trunk 将多个物理链路直接加入 Trunk 组，形成一条逻辑链路。这种方式不利于观察链路聚合端口的状态。静态 Trunk 的缺点是在发生故障时，无法进行负载分担，容易使数据溢出，造成部分业务中断。

2. 动态 LACP

链路聚合控制协议（Link Aggregation Control Protocol，LACP）是一种实现链路动态汇聚的协议。LACP 通过链路聚合控制协议数据单元（Link Aggregation Control Protocol Data Unit，LACPDU）与对端交互信息。

激活某端口的 LACP 后，该端口将通过发送 LACPDU 向对端通告自己的系统优先级、系统 MAC 地址、端口优先级和端口号。对端接收到这些信息后，将这些信息与自己的属性比较，选择能够聚合的端口，从而双方可以对端口加入或退出某个动态聚合组达成一致。

链路聚合技术往往用在两个重要节点或繁忙节点之间，既能增加互连带宽，又能提高连接的可靠性。

9.2.4 链路聚合技术原理

链路聚合系统增加了网络的复杂性，但也提高了网络的可靠性，使人们可以在服务器等关键 LAN 段的线路上采用冗余路由。对于 IP 系统，可以考虑采用虚拟路由冗余协议（VRRP）。总之，当主要线路的性能必需提高而单条线路的升级又不可行时，可以采用链路聚合技术。企业网络中的链路聚合技术允许在以太网中中继。管理员能够在交换机之间或者交换机与服务器之间组合多个以太网信道。

逻辑链路的带宽增加了大约（$n-1$）倍，这里，n 为聚合的路数。另外，链路聚合后，可靠性大大提高，因为 n 条链路中只要有一条可以正常工作，则这条链路就可以工作。除此之外，链路聚合技术可以实现负载均衡，因为通过链路聚合连接在一起的两个（或多个）交换机（或其他网络设备）通过内部控制也可以合理地将数据分配在被聚合的设备上，实现负载分担。

因为通信负载分布在多条链路上，所以链路聚合技术有时也称为负载平衡技术。负载平衡技术作为一种数据中心技术，可以将来自客户机的请求分布到两个或更多的服务器上。

聚合有时被称为反复用或 IMUX。如果多路复用是将多个低速信道合成为一个单个的高速链路的聚合，那么反复用就是在多条链路上的数据“分散”。它允许以某种增量尺度配置分数带宽，以满足带宽要求。链路聚合也称为中继。

链路聚合功能需要遵循以下原则。

(1) 端口的工作模式为全双工模式；

(2) 端口的工作速率必须一致；

(3) 端口属性必须一致，可以是 Access、Trunk 或 Hybrid。

9.2.5 链路聚合配置

1. 创建 Trunk 组

```
ZXR10(config)#interface <smartgroup-name>
```

2. 绑定端口到 Trunk 组，并设置端口聚合模式

```
smartgroup <smartgroup-id> mode {passive|active|on}
```

聚合模式设置为 on 时端口运行静态 Trunk，参与聚合的两端的聚合模式都需要设置为 on。聚合模式设置为 active 或 passive 时端口运行 LACP，active 指端口为主动协商模式，passive 指端口为被动协商模式。

9.3 任务单

任务 9 的任务单见表 9-1。

表 9-1　任务 9 的任务单

<table>
<tr><td>项目三</td><td colspan="6">局域网的认知与组建</td></tr>
<tr><td>工作任务</td><td colspan="4">任务 9　通过链路聚合技术进行网络组建</td><td>课时</td><td></td></tr>
<tr><td>班级</td><td></td><td>小组编号</td><td></td><td>组长姓名</td><td colspan="2"></td></tr>
<tr><td>成员名单</td><td colspan="6"></td></tr>
<tr><td>任务描述</td><td colspan="6">根据实验要求，搭建网络拓扑结构，通过链路聚合技术进行网络组建</td></tr>
<tr><td>工具材料</td><td colspan="6">计算机（1 台）、思科模拟器软件</td></tr>
<tr><td>工作内容</td><td colspan="6">(1) 按照网络拓扑组建网络；
(2) 配置静态聚合；
(3) 配置动态聚合；
(4) 验证结果</td></tr>
<tr><td>注意事项</td><td colspan="6">(1) 遵守机房的工作和管理制度；
(2) 注意用电安全，谨防触电；
(3) 各小组固定位置，按任务顺序展开工作；
(4) 爱护工具仪器；
(5) 按规范操作，防止损坏仪器仪表；
(6) 保持环境卫生，不乱扔废弃物</td></tr>
</table>

9.4 任务实施：通过链路聚合技术进行网络组建

链路聚合的配置及应用

1. 任务准备

交换机 Switch1 和交换机 Switch2 通过聚合端口相连，两台交换机的聚合端口分别由 3 个物理端口（FastEthernet 0/22 ~ 24）聚合而成。聚合端口链路工作模式为 Trunk，承载 VLAN10 和 VLAN20。

2. 任务实施步骤

（1）按照网络拓扑（图 9 – 3）组建网络。

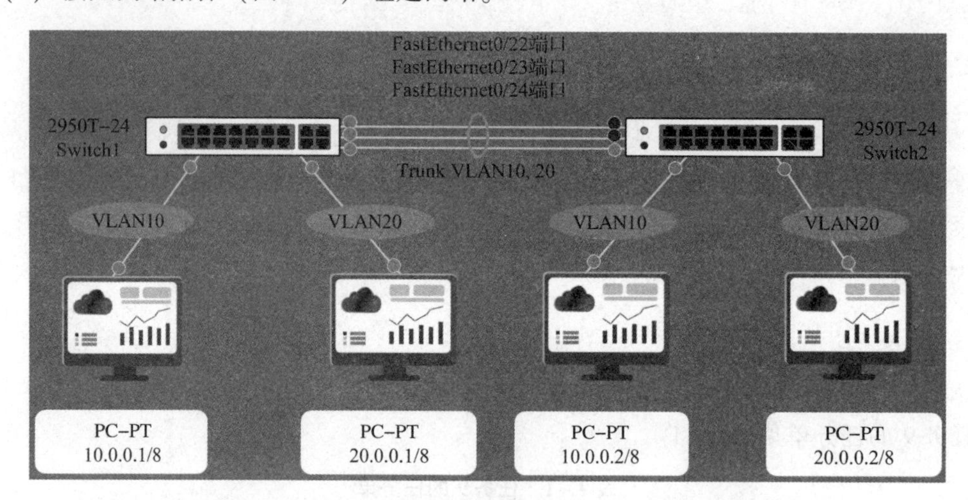

图 9 – 3　网络拓扑

（2）配置步骤，如图 9 – 4 所示。

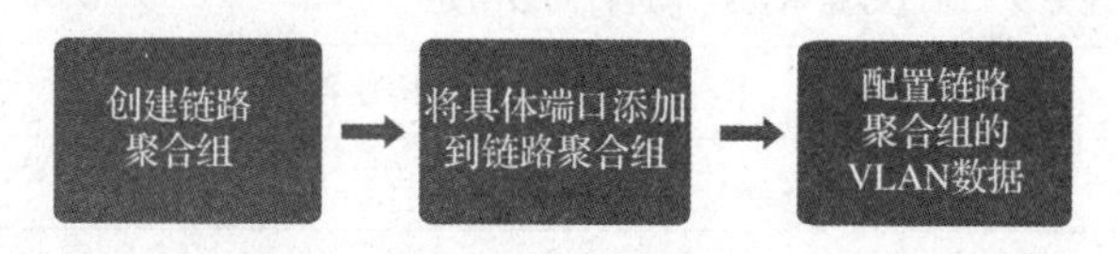

图 9 – 4　配置步骤

（3）静态聚合的配置。

下面以 Switch1 为例进行配置说明。

```
Switch1(config)#interface port - channel 1
//创建链路聚合组,思科称作 PORT - CHANNEL,中兴通讯称作 SMARTGROUP
Switch1(config)#interface range fastEthernet 0/22 -24
Switch1(config - if - range)#channel - group 1 mode on
//将 FastEthernet 0/22 -24 端口以静态方式绑定到链路聚合组
Switch1(config)#vlan 10
Switch1(config - vlan)#exit
```

```
Switch1(config)#vlan 20
Switch1(config-vlan)#exit
Switch1(config)#
//创建 VLAN10,20
Switch1(config)#interface port-channel 1
Switch1(config-if)#switchport mode trunk
//将链路聚合组 1 的 VLAN 链路工作模式设置为 Trunk
Switch1(config-if)#switchport trunk allowed vlan 10,20
//将 VLAN 10,20 添加到聚合端口
Switch1(config)#interface fastEthernet 0/1
Switch1(config-if)#switchport access vlan 10
Switch1(config-if)#exit
//将 VLAN 10 以 Acess 方式加入 FastEthernet0/1
Switch1(config)#interface fastEthernet 0/2
Switch1(config-if)#switchport access vlan 20
//将 VLAN 20 以 Access 方式加入 FastEthernet0/2
```

Switch2 的配置同 Switch1，具体配置如下：

```
Switch2(config)#interface Port-channel 1
Switch2(config-if)#exit
Switch2(config)#interface range FastEthernet0/22-24
Switch2(config-if-range)#channel-group 1 mode on
Switch2(config-if)#exit
Switch2(config)#vlan 10
Switch2(config-vlan)#exit
Switch2(config)#vlan 20
Switch2(config-vlan)#exit
Switch2(config)#
Switch2(config)#interface port-channel 1
Switch2(config-if)#switchport mode trunk
Switch2(config-if)#switchport trunk allowed vlan 10,20
Switch2(config-if)#exit
Switch2(config)#interface fastEthernet 0/1
Switch2(config-if)#switchport access vlan 10
Switch2(config-if)#exit
Switch1(config)#interface fastEthernet 0/2
Switch1(config-if)#switchport access vlan 20
```

（4）结果验证。

①使用命令“show etherchannel summary”查看链路聚合组 1 中成员端口的聚合状态。

②用“shutdown”命令关闭其中1~2个端口，看ping测试是否出现中断。

9.5 任务评价

任务9的任务评价见表9-2。

表9-2 任务9的任务评价

项目三 局域网的认知与组建							
任务9 通过链路聚合技术进行网络组建							
班级				小组编号			
分数 姓名 标准							
责任心	10						
知识点掌握	30						
操作步骤规范	10						
团队协作	10						
结果验证成功	40						

拓展案例

1. 实现VLAN间路由

VLAN能有效分割局域网，实现各网络区域之间的访问控制。现实中，往往需要配置某些VLAN之间的互连互通。比如，某公司划分为领导层、销售部、财务部、人力部、科技部、审计部，并为不同部门配置了不同的VLAN，部门之间不能相互访问，有效保证了各部门的信息安全。但经常出现领导层需要跨越VLAN访问其他各个部门，这个功能就可以由VLAN间路由来实现。

可以通过3种方式实现VLAN间路由。

第1种方式：使用一台路由器，路由器的多条物理链路连接多个VLAN；

第2种方式：使用一台路由器，采用单臂路由（router-on-a-stick）的方式，在路由器的一个物理端口上通过配置多个子端口（或“逻辑端口”，并不存在真正的物理端口）的方式连接VLAN；

第3种方式：使用三层交换机，配置VLAN端口。

第3种方式在任务7中已经介绍过，现在思考方式1和方式2如何配置。

路由器的多条物理链路连接VLAN

1）路由器的多条物理链路连接VLAN，实现VLAN间路由

在二层交换机上划分两个VLAN：VLAN10和VLAN20。当交换

机设置成两个 VLAN 时逻辑上已经成为两个网络，广播被隔离，两个 VLAN 想通信必须经过路由器。路由器的两个物理端口则分别与两个 VLAN 对应，网络拓扑如图 9－5 所示。

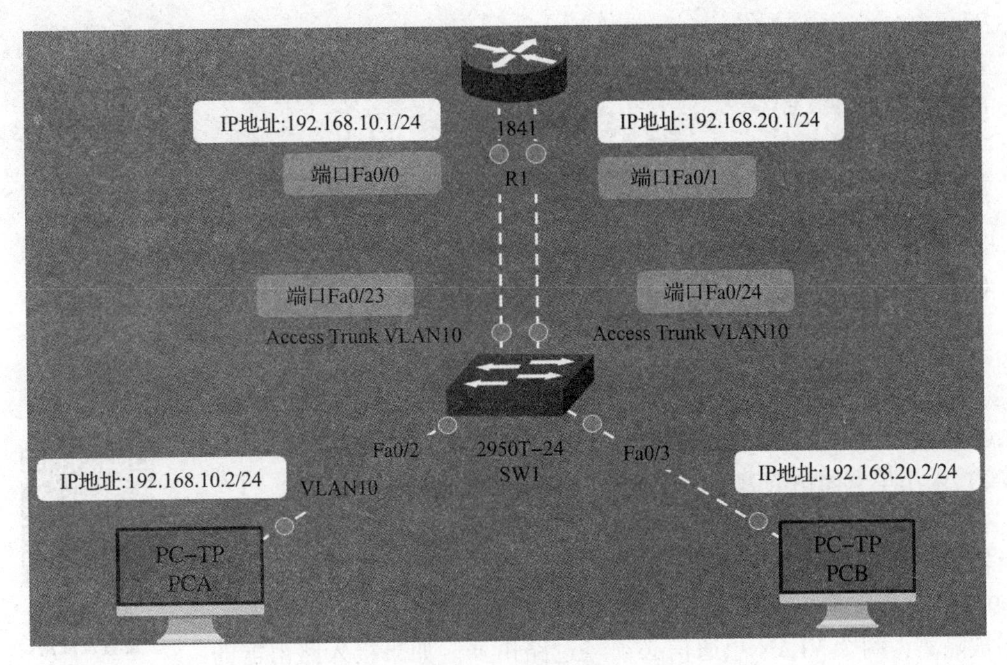

图 9－5　网络拓扑

配置步骤如下。

(1) 配置计算机的 IP 地址和网关。

(2) 配置交换机 SW1 的 VLAN。

```
Switch(config)#hostname SW1
SW1(config)#vlan 10
SW1(config-vlan)#exit
SW1(config)#vlan 20
SW1(config-vlan)#exit
SW1(config)#interface fastEthernet 0/1
SW1(config-if)#switchport mode  trunk
SW1(config-if)#switchport trunk allowed vlan 10,20
SW1(config-if)#exit
SW1(config)#interface fastEthernet 0/2
SW1(config-if)#switchport access vlan 10
SW1(config-if)#exit
SW1(config)#interface fastEthernet 0/3
SW1(config-if)#switchport access vlan 20
```

（3）配置路由器 R1 的子端口。

```
Router(config)#hostname R1
R1(config)#interface fastEthernet 0/0
R1(config-if)#ip address 192.168.10.1 255.255.255.0
//配置 FastEthernet 0/0 的 IP 地址
R1(config-if)#exit
R1(config)#interface fastEthernet 0/1
R1(config-if)#ip address 192.168.20.1 255.255.255.0
//配置 FastEthernet 0/1 的 IP 地址
```

（4）结果验证。

①在路由器 R1 上查看配置子端口后的直连路由。

```
R1#show ip route connected
```

②保证 PCA 能够 ping 通 PCB。

2）采用单臂路由的方式连接 VLAN，实现 VLAN 间路由

单臂路由的配置及应用

在二层交换机上划分两个 VLAN：VLAN10 和 VLAN20。交换机和路由器通过端口 0/0 和 0/1 连接起来，这就组成了单臂路由的拓扑（图 9-6）。当交换机设置成两个 VLAN 时逻辑上已经成为两个网络，广播被隔离，两个 VLAN 想通信必须经过路由器。如果接入路由器的一个物理端口则必须有两个子端口分别与两个 VLAN 对应，同时还要求与路由器相连的交换机端口 0/1 设置为 Trunk，因为这个端口要通过两个 VLAN 的数据包。

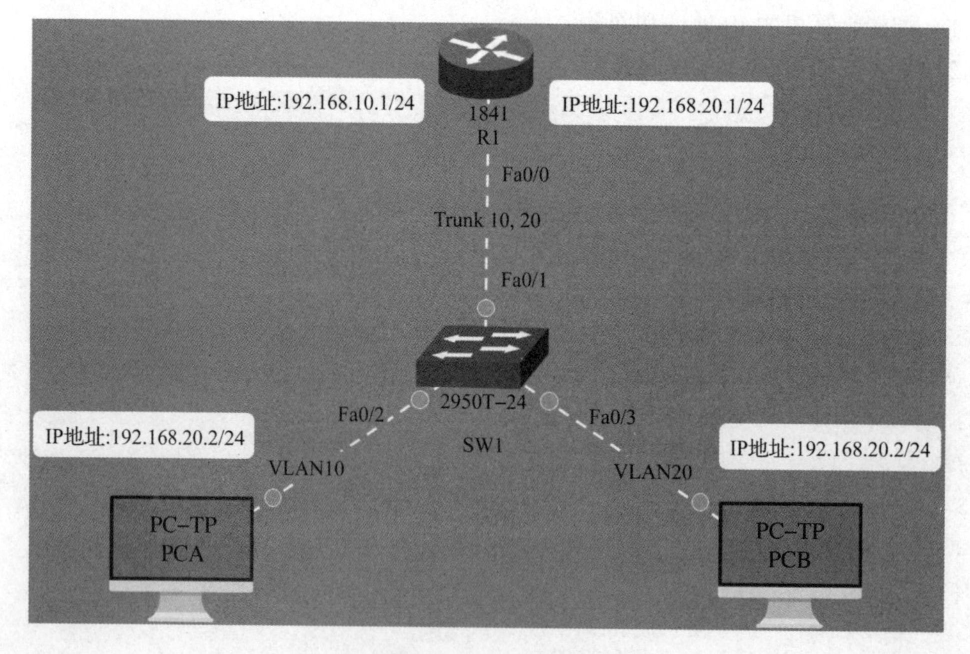

图 9-6　网络拓扑

配置步骤如下。

（1）配置计算机的 IP 地址和网关。

（2）配置交换机 SW1 的 VLAN。

```
Switch(config)#hostname SW1
SW1(config)#vlan 10
SW1(config-vlan)#exit
SW1(config)#vlan 20
SW1(config-vlan)#exit
SW1(config)#interface fastEthernet 0/1
SW1(config-if)#switchport mode  trunk
SW1(config-if)#switchport trunk allowed vlan 10,20
SW1(config-if)#exit
SW1(config)#interface fastEthernet 0/2
SW1(config-if)#switchport access vlan 10
SW1(config-if)#exit
SW1(config)#interface fastEthernet 0/3
SW1(config-if)#switchport access vlan 20
```

（3）配置路由器 R1 的子端口。

```
Router(config)#hostname R1
R1(config)#interface fastEthernet 0/0.10
R1(config-subif)#encapsulation dot1Q 10
//将子端口 FastEthernet 0/0.10 设置 VLAN 10 的封装
R1(config-subif)#ip address 192.168.10.1 255.255.255.0
//设置子端口 FastEthernet 0/0.10 的 IP 地址
R1(config-subif)#exit
R1(config)#interface fastEthernet 0/0.20
R1(config-subif)#encapsulation dot1Q 20
//将子端口 FastEthernet 0/0.20 设置 VLAN20 的封装
R1(config-subif)#ip address 192.168.20.1 255.255.255.0
//设置子端口 FastEthernet 0/0.20 的 IP 地址
```

（4）结果验证。

①在路由器 R1 上查看配置子端口后的直连路由。

```
R1#show ip route connected
```

②保证 PCA 能够 ping 通 PCB。

2. 动态聚合的配置

链路聚合配置分为静态聚合的配置和动态聚合的配置，任务 9 中的链路聚合配置只演示了静态聚合的配置，本任务拓展练习动态聚合的配置，网络拓扑和任务 9 相同，如图 9-7 所示。

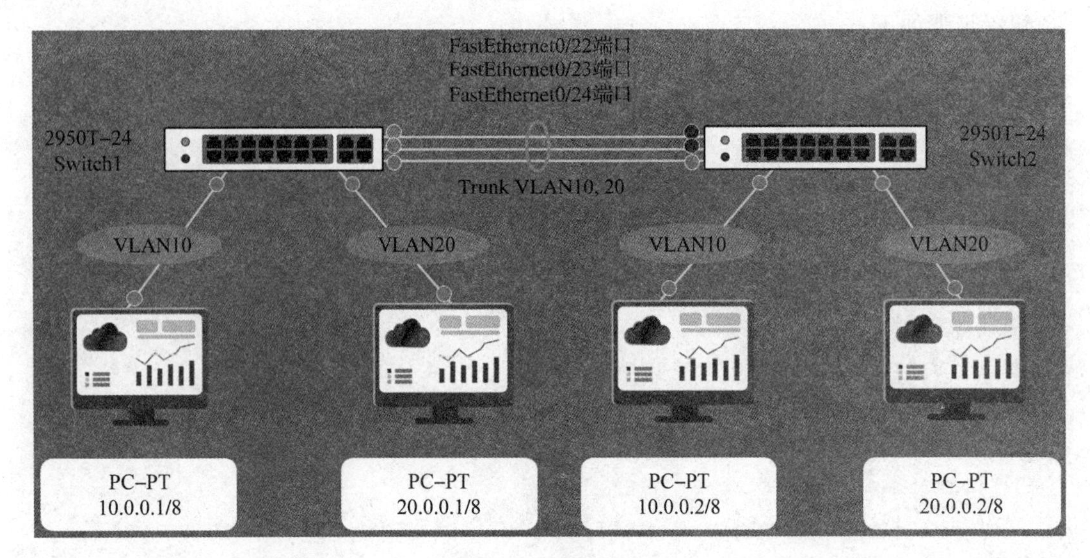

图9-7 网络拓扑

配置步骤（思科交换机）如下。

```
Switch1:
    interface range FastEthernet0/22-24
    channel-protocol lacp
    channel-group 1 mode active
Switch2:
    interface range FastEthernet0/22-24
    channel-protocol lacp
    channel-group 1 mode passive
```

注：聚合模式设置为 on 时端口运行静态 Trunk，参与聚合的两端都需要设置为 on 模式。聚合模式设置为 active 或 passive 时端口运行 LACP，active 指端口为主动协商模式，passive 指端口为被动协商模式。配置动态链路聚合时，应当将一端端口的聚合模式设置为 active，将另一端端口的聚合模式设置为 passive，或者将两端端口的聚合模式都设置为 active。

其他配置参考任务9配置内容。

验证方法：

（1）使用命令“show etherchannel summary”查看链路聚合组1中成员端口的聚合状态。

（2）用“shutdown”命令关闭其中1~2个端口，看 ping 测试是否出现中断。

思考与练习

一、填空题

1. 路由主要分为：直连路由、静态路由和________。

2. 路由表的组成：目的网络地址、________、下一跳地址、发送的物理端口、路由信

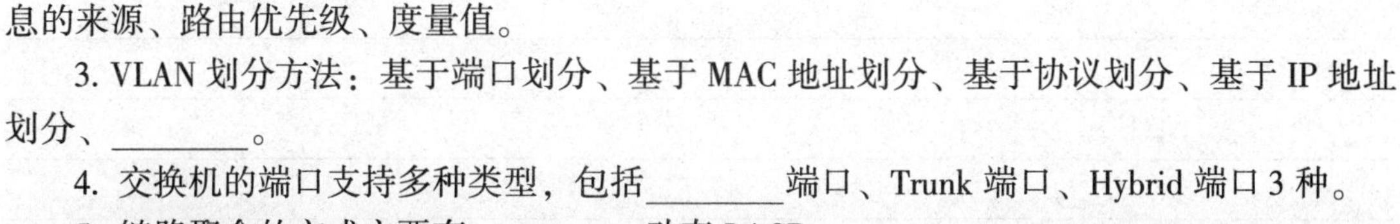

息的来源、路由优先级、度量值。

3. VLAN 划分方法：基于端口划分、基于 MAC 地址划分、基于协议划分、基于 IP 地址划分、________。

4. 交换机的端口支持多种类型，包括________端口、Trunk 端口、Hybrid 端口 3 种。

5. 链路聚合的方式主要有________、动态 LACP。

6. 链路聚合功能需要遵循以下原则：端口的工作模式为全双工模式、端口的工作速率必须一致、________必须一致。

二、思考题

1. 链路聚合技术的优点是什么？

2. 使用 VLAN 能给交换机带来哪些改进？

3. 描述 Access、Trunk、Hybrid 3 种端口的特点。

4. VLAN 有哪些作用？

5. VLAN 划分的方法有哪些？

项目四

网络互连技术

背景描述

小赵为某公司负责公司内部网络设备的实习员工，随着公司不断发展，公司部门不断扩大，使用交换机已经不能满足公司逐渐增长的数据业务需求，小赵现在的任务是使用新的设备重新整合公司内部的多个局域网。

学习目标

学习目标1：掌握静态路由的基本配置方法，能够配置简单的静态路由。
学习目标2：掌握动态路由协议（RIP）的基本工作原理及配置方法。
学习目标3：掌握动态路由协议（OSPF）的基本工作原理及配置方法。

任务分解

任务10：通过静态路由互连网络
任务11：通过动态路由协议（RIP）互连网络
任务12：通过动态路由协议（OSPF）互连网络

任务10　通过静态路由互连网络

10.1　任务描述

小赵为某公司负责公司内部网络设备的实习员工，企业网内部有3台路由器，网络拓扑比较简单，路由器性能也不够好，在这种情况下，该如何配置路由器？小赵准备通过静态路由组建网络。

10.2 相关知识

10.2.1 路由基础

路由基础

1. 路由器的作用

路由器是一种多端口设备，它可以连接不同传输速率并运行于各种环境的局域网和广域网，也可以采用不同的协议。路由器属于 OSI 参考模型的第三层——网络层。它能指导从一个网段到另一个网段的数据传输，也能指导从一种网络向另一种网络的数据传输。第一，网络互连：路由器支持各种局域网和广域网端口，主要用于互连局域网和广域网，实现不同网络的互相通信；第二，数据处理：提供分组过滤、分组转发、优先级、复用、加密、压缩和防火墙等功能；第三，网络管理：路由器提供路由器配置管理、性能管理、容错管理和流量控制等功能。

所谓“路由”，是指把数据从一个地方传送到另一个地方的行为和动作，而路由器正是执行这种行为动作的机器，它的英文名称为 Router，是一种连接多个网络或网段的网络设备，它能将不同网络或网段之间的数据信息进行“翻译”，以使它们能够相互“读懂”对方的数据，从而构成一个更大的网络。

2. 路由器的工作原理

路由器中时刻维持着一张路由表，所有报文都通过查找路由表，从相应端口发送和转发。路由表可以是静态配置的，也可以是动态路由协议产生的。物理层从路由器的一个端口收到一个报文，上送到数据链路层。数据链路层去掉报文的数据链路层封装，根据报文的协议域上送到网络层。网络层首先看报文是否是送给本机的，若是，去掉报文的网络层封装，送给上层，若不是，则根据报文的目的地址查找路由表；若找到路由，将报文送给相应端口的数据链路层，数据链路层封装后，发送报文，若找不到路由，将报文丢弃。

路由器查找的路由表，可以是管理员手工配置的，也可以是通过动态路由协议自动学习形成的。为了实现正确的路由功能，路由器必须负责管理维护路由表的工作。

路由器的交换/转发功能指的是数据在路由器内部移动与处理的过程：从路由器的一个端口接收，然后选择合适的端口转发，其间进行帧的解封装与封装，并对数据包作相应处理。

3. 路由和路由表的定义

在网络通信中，“路由”是一个网络层的术语。它是指从某一网络设备出发去往某个目的地的路径。路由表则是若干条路由信息的集合体。在路由表中，一条路由信息也被称为一个路由项或一个路由条目。路由表只存在于终端计算机和路由器（和三层交换机）中，二层交换机中不存在路由表。

4. 路由表的分类

路由表中保存着各种传输路径的相关数据供选择路由时使用。

路由器根据接收到的 IP 数据包的目的网段地址查找路由表，决定转发路径。路由表中需要保存子网的标志信息、网上路由器的个数和要到达此目的网段需要将 IP 数据包转发至哪一个下一跳相邻设备地址等内容，以供路由器查询。

路由表被存放在路由器的 RAM 中，这意味着路由器如果要维护的路由信息较多，必须有足够的 RAM 空间，而且一旦路由器重新启动，那么原来的路由信息都会消失。

路由表可以是由系统管理员固定设置好的（静态路由表），也可以是根据网络系统的运行情况而自动调整的（动态路由表，它是根据路由选择协议提供的功能，自动学习和记忆网络运行情况，在需要时自动计算数据传输的最佳路径）。

5. 路由表的组成

路由表的组成如图 10－1 所示。

Destination	Mask	Gateway	Interface	Owner	Priority	Metric
172.16.8.0	255.255.255.0	1.1.1.1	fei_1/1	static	1	0

图 10－1　路由表的组成

（1）目的网络地址（Destination）：用于标识数据包要到达的目的逻辑网络或子网地址。

（2）掩码（Mask）：与目的地址一起标识目的主机或路由器所在的网段的地址。将目的地址和网络掩码“逻辑与”后可得到目的主机或路由器所在网段的地址。

（3）下一跳地址（Gateway）：与承载路由表的路由器相接的相邻路由器的端口地址，有时也把下一跳地址称为路由器的网关地址。

（4）发送的物理端口（Interface）：数据包离开本路由器去往目的地时将经过的端口。

（5）路由信息的来源（Owner）：表示路由信息是怎样学习到的。路由表可以由管理员手工建立（静态路由表），也可以由路由选择协议自动建立并维护。路由表不同的建立方式即路由信息的不同学习方式。

（6）路由优先级（Priority）：也叫管理距离，决定了来自不同路由来源的路由信息的优先权。

（7）度量值（Metric）：用于表示相应的一条路由可能需要花费的代价，因此在优先级相同的相同路由中，度量值最小的路由就是最佳路由。

10.2.2　路由的分类

路由主要分为：直连路由、静态路由和动态路由。

（1）直连路由：指设备自动发现的路由信息。

在网络设备启动后，当设备端口的状态为 Up 时，设备就会自动的发现去往与自己的端口直接相连的网络的路由。某一网络与某台网络设备的某个端口直接相连（直连）时，这台网络设备的这个端口已经位于这个网络中。“某一网络”指某个二层网络（二层广播域）。

直连路由是由数据链路层发现的。其优点是自动发现、开销小；缺点是只能发现本端口所属网段的路由信息。当路由器的端口配置了网络协议地址并状态正常时，即物理连接正常，并且可以正常检测到数据链路层协议的 Keepalive 信息时，端口上配置的网段地址自动出现在路由表中并与端口关联。其中路由信息的来源为直连（direct），路由优先级为 0（拥有最高路由优先级），度量值为 0（拥有最小度量值）。

直连路由会随端口的状态变化在路由表中自动变化，当端口的物理层与数据链路层状态正常时，直连路由会自动出现在路由表中，当路由器检测到端口的状态为 Down 时，直连路由会自动消失。直连路由示意图 10－2 所示。直连路由的 Owner 属性为 direct，其度量值总为0。

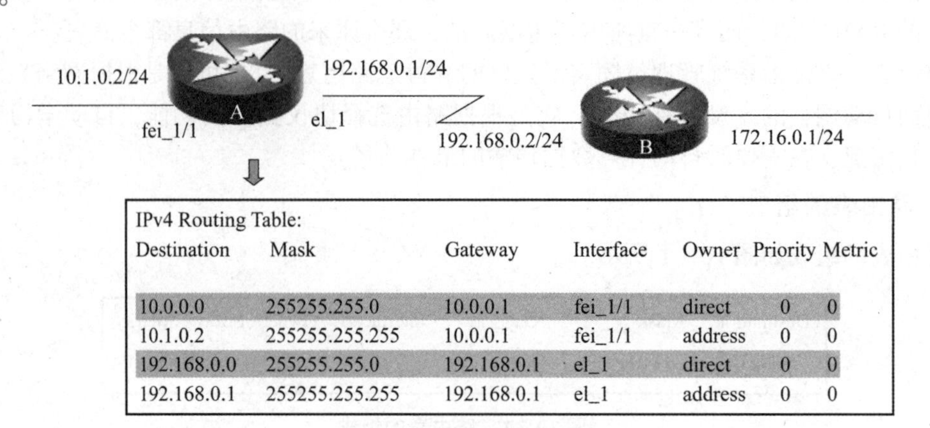

IPv4 Routing Table:

Destination	Mask	Gateway	Interface	Owner	Priority	Metric
10.0.0.0	255255.255.0	10.0.0.1	fei_1/1	direct	0	0
10.1.0.2	255255.255.255	10.0.0.1	fei_1/1	address	0	0
192.168.0.0	255255.255.0	192.168.0.1	el_1	direct	0	0
192.168.0.1	255255.255.255	192.168.0.1	el_1	address	0	0

图10－2　直连路由示意

（2）静态路由（Static Route）：指手工配置的路由信息。

手工配置的静态路由的明显缺点是不具备自适应性，即当网络发生故障或网络结构发生改变而导致相应的静态路由发生错误或失效时，必须手工对这些静态路由进行修改。静态路由系统管理员手工设置。

静态路由的优点是不占用网络、系统资源，比较安全。

静态路由是否出现在路由表中取决于下一跳是否可达，即此路由的下一跳地址所处网段对本路由器是否可达。静态路由在路由表中的Owner属性为static，路由优先级为1，度量值为0。

默认路由又称缺省路由，它也是一种特殊的静态路由。当路由表中所有其他路由选择失败时，将使用默认路由，这使路由表有一个最后的发送地，从而大大减轻路由器的处理负担。

如果一个报文不能匹配任何路由，那么这个报文只能被路由器丢弃，而把报文丢向“未知”的目的地是人们所不希望的，为了使路由器完全连接，一定要有一条路由连到某个网络。路由器既要保持完全连接，又不需要记录每个单独路由时，就可以使用默认路由。通过默认路由，可以指定一条单独的路由来表示所有其他路由。

（3）动态路由（Dynamic Route）：指网络设备通过运行动态路由协议而得到的路由信息。

网络设备可以自动发现去往与自己相连的网络的路由，也可以通过手工配置的方式“告知”网络设备去往非直连网络的路由。

10.2.3　路由器的功能

路由器需要具备以下功能。

（1）路由（寻径）：包括路由表的建立与刷新。

（2）交换：在网络之间转发分组数据，涉及从接收端口收到数据帧，解封装，对数据包作相应处理，根据目的网络查找路由表，决定转发端口，进行新的数据链路层封装等过程。

（3）隔离广播，指定访问规则。路由器阻止广播通过，可以设置访问控制列表（ACL）

对流量进行控制。

（4）支持不同的数据链路层协议，连接异种网络。

（5）进行子网间的速率适配。

路由器的核心作用是实现网络互连，转发不同网络之间的数据单元。

10.2.4　静态路由的配置

静态路由的配置命令：

```
ZXR10(config)#ip route <prefix> <net-mask> <forwarding-router's-address>
```

路由器A的静态路由配置如图10－3所示。

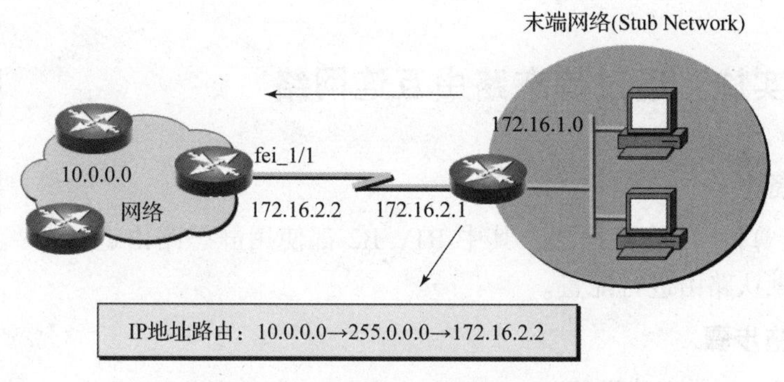

图10－3　路由器A的静态路由配置

10.3　任务单

任务10的任务单见表10－1。

表10－1　任务10的任务单

项目四	网络互连技术				
工作任务	任务10　通过静态路由互连网络			课时	
班级		小组编号		组长姓名	
成员名单					
任务描述	根据实验要求，搭建网络拓扑，通过静态路由组建网络。				
工具材料	计算机（1台）、思科模拟器软件				
工作内容	（1）按照网络拓扑组建网络； （2）启用路由器相关端口； （3）配置路由器的IP地址； （4）配置计算机的IP地址及网关的IP地址； （5）配置路由器的静态路由/默认路由； （6）验证结果				

续表

<table>
<tr><td>项目四</td><td colspan="6">网络互连技术</td></tr>
<tr><td>工作任务</td><td colspan="4">任务 10　通过静态路由互连网络</td><td>课时</td><td></td></tr>
<tr><td>班级</td><td></td><td>小组编号</td><td></td><td>组长姓名</td><td colspan="2"></td></tr>
<tr><td>注意事项</td><td colspan="6">（1）遵守机房的工作和管理制度；
（2）注意用电安全，谨防触电；
（3）各小组固定位置，按任务顺序展开工作；
（4）爱护工具仪器；
（5）按规范操作，防止损坏仪器仪表；
（6）保持环境卫生，不乱扔废弃物</td></tr>
</table>

10.4　任务实施：通过静态路由互连网络

静态路由的配置

1. 任务准备

准备 2 台计算机、3 台路由器，其中 R1、R2 都使用静态路由进行配置，R3 使用默认路由进行配置。

2. 任务实施步骤

（1）按照图 10－4 组建网络。

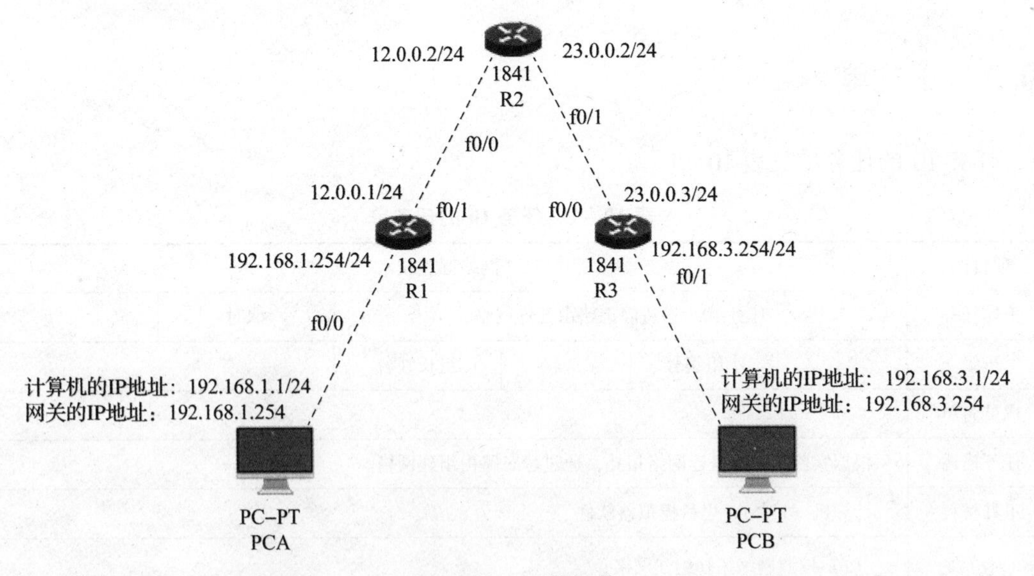

图 10－4　网络拓扑

（2）启用路由器相关端口。

在默认情况下路由器的所有端口均为关闭状态，需要手动启用。具体配置如下：

```
Router(config)#hostname R1
R1(config)#interface fastEthernet 0/0
R1(config-if)#no shutdown
R1(config-if)#exit
R1(config)#interface fastEthernet 0/1
R1(config-if)#no shutdown
```

R2、R3 配置同 R1。

（3）配置路由器的 IP 地址。

①R1 配置：

```
R1(config)#interface FastEthernet0/0
R1(config-if)#ip address 192.168.1.254 255.255.255.0
//配置 R1 的 FastEthernet0/0 的 IP
R1(config-if)#exit
R1(config)#interface FastEthernet0/1
R1(config-if)#ip address 12.0.0.1 255.255.255.0
//配置 R1 的 FastEthernet0/1 的 IP
R1(config-if)#exit
```

②R2 配置：

```
R2(config)#interface FastEthernet0/0
R2(config-if)#ip address 12.0.0.2 255.255.255.0
R2(config-if)#exit
R2(config)#interface FastEthernet0/1
R2(config-if)#ip address 23.0.0.2 255.255.255.0
R2(config-if)#exit
```

③R3 配置：

```
R3(config)#interface FastEthernet0/0
R3(config-if)#ip address 23.0.0.3 255.255.255.0
R3(config-if)#exit
R3(config)#interface FastEthernet0/1
R3(config-if)#ip address 192.168.3.254 255.255.255.0
R3(config-if)#exit
```

（4）配置计算机（以 PCA 为例）的 IP 地址及网关的 IP 地址，如图 10-5 所示。

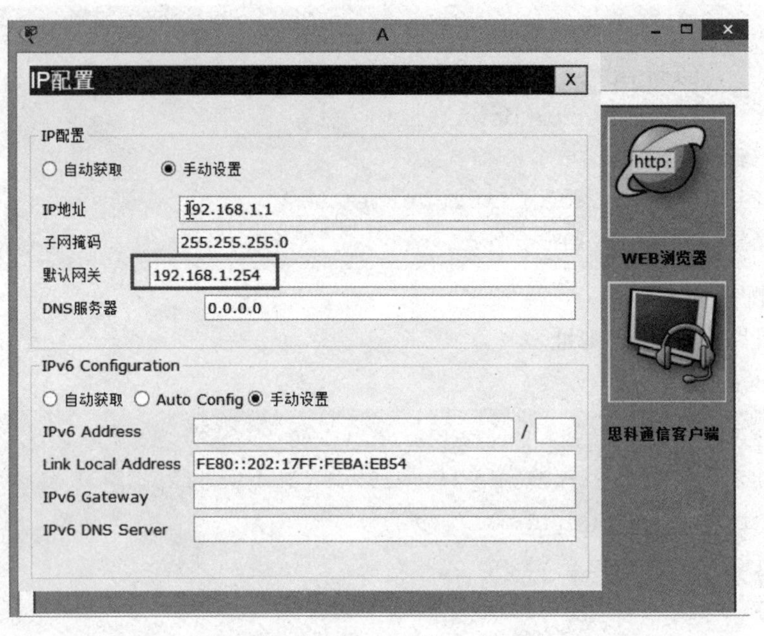

图 10－5　配置 PCA 的 IP 及网关

PCB 的配置方法同 PCA。

（5）配置路由器的静态路由/默认路由。

```
R1(config)#ip route 192.168.3.0 255.255.255.0 12.0.0.2
//R1 配置静态路由
R2(config)#ip route 192.168.1.0 255.255.255.0 12.0.0.1
R2(config)#ip route 192.168.3.0 255.255.255.0 23.0.0.3
//R2 配置 2 条静态路由
R3(config)#ip route 0.0.0.0 0.0.0.0 23.0.0.2
//R3 配置默认路由
```

（6）验证结果。

①PCA 可以和 PCB 互通。

②查看静态路由。

```
R1#show ip route
Codes: C - connected,S - static,I - IGRP,R - RIP,M - mobile,B - BGP
       D - EIGRP,EX - EIGRP external,O - OSPF,IA - OSPF inter area
       N1 - OSPF NSSA external type 1,N2 - OSPF NSSA external type 2
       E1 - OSPF external type 1,E2 - OSPF external type 2,E - EGP
       i - IS - IS,L1 - IS - IS level - 1,L2 - IS - IS level - 2,ia - IS - IS
inter area
```

```
        * - candidate default,U - per - user static route,o - ODR
        P - periodic downloaded static route
Gateway of last resort is not set
        12.0.0.0 /24 is subnetted,1 subnets
C       12.0.0.0 is directly connected,FastEthernet0 /1
C       192.168.1.0 /24 is directly connected,FastEthernet0 /0
S       192.168.3.0 /24 [1 /0] via 12.0.0.2
```

R2、R3 查看静态路由的方法同 R1。

10.5　任务评价

任务 10 的任务评价见表 10－2。

表 10－2　任务 10 的任务评价

<table>
<tr><td colspan="8">项目四　网络互连技术</td></tr>
<tr><td colspan="8">任务 10　通过静态路由互连网络</td></tr>
<tr><td colspan="2" rowspan="2">班级 / 姓名 / 分数 / 标准</td><td></td><td colspan="5">小组编号</td></tr>
<tr><td></td><td></td><td></td><td></td><td></td><td></td></tr>
<tr><td>责任心</td><td>10</td><td></td><td></td><td></td><td></td><td></td><td></td></tr>
<tr><td>知识点掌握</td><td>30</td><td></td><td></td><td></td><td></td><td></td><td></td></tr>
<tr><td>操作步骤规范</td><td>10</td><td></td><td></td><td></td><td></td><td></td><td></td></tr>
<tr><td>团队协作</td><td>10</td><td></td><td></td><td></td><td></td><td></td><td></td></tr>
<tr><td>结果验证成功</td><td>40</td><td></td><td></td><td></td><td></td><td></td><td></td></tr>
</table>

任务 11　通过动态路由协议（RIP）互连网络

11.1　任务描述

企业网通过一台三层交换机连到企业网出口的路由器上，路由器再和企业外的另一台路由器连接。现要进行适当配置，实现企业网内部主机与企业网外部主机之间的相互通信。为了简化网管的管理维护工作，小赵决定采用 RIPv2 实现互通。

11.2 相关知识

动态路由
协议概述

11.2.1 动态路由协议

1. 动态路由协议概述

路由表可以是由系统管理员手工设置好的静态路由表，也可以是配置动态路由协议，根据网络系统的运行情况而自动调整的。根据所配置的路由协议提供的功能，动态路由协议可以自动学习和记忆网络运行情况，在需要时自动计算数据传输的最佳路径。动态路由协议适合大规模和复杂的网络环境下的应用。

路由协议是运行在路由器上的软件进程，与其他路由器上相同的路由协议交换路由信息，学习非直连网络的路由信息，加入路由表，并在网络拓扑结构变化时自动调整，维护正确的路由信息。

配置了动态路由协议后，动态路由协议通过交换路由信息，生成并维护转发引擎所需的路由表。当网络拓扑结构改变时动态路由协议可以自动更新路由表，并负责决定数据传输最佳路径。

动态路由协议的优点是可以自动适应网络状态的变化，自动维护路由信息而不需要网络管理员的参与。其缺点是由于需要相互交换路由信息，因此占用网络带宽与系统资源。另外，动态路协议的安全性也不如静态路由。在有冗余连接的复杂大型网络环境中，适合采用动态路由协议。在动态路由协议中，目的网络是否可达取决于网络状态。

2. 动态路由协议的分类

动态路由协议可以按工作原理、工作范围、是否携带子网掩码来分类。

（1）动态路由协议按工作原理可以分为距离矢量协议、链路状态协议。

①距离矢量协议：路由器依赖与自己相邻的路由器学习路由，如 RIP、EIGRP。

②链路状态协议：把路由器分成区域，收集区域内所有路由器的链路状态生成网络拓扑图，每个路由器根据网络拓扑图计算出路由，如 OSPF。

（2）动态路由协议按工作范围可以分为内部网关协议（Interior Gateway Protocol，IGP）、外部网关协议（Exterior Gateway Protocol，EGP）。

①IGP：同一自治系统（使用相同路由协议的网络集合）内部交换路由信息，如 OSPF。

②EGP：不同自治系统间交换路由信息，如 BGP。

（3）动态路由协议按路由更新时是否携带子网掩码可以分为有类路由协议、无类路由协议。

有类路由协议已被淘汰，如 RIPv1，即宣告时不支持可变长子网掩码，只使用默认的 A、B、C 三类 IP 地址的默认子网掩码。现在均使用无类路由协议，无类路由协议即宣告时支持可变长子网掩码。

11.2.2 距离矢量协议

RIP 原理

距离矢量协议基于贝尔曼－福特算法。使用贝尔曼－福特算法的路由器通常以一定的时间间隔向相邻的路由器发送其完整的路由表。

接收到路由表的相邻路由器将收到的路由表和自己的路由表进行比较，新的路由或到已知网络的开销更小的路由都被加入路由表。相邻路由器再继续向外广播它自己的路由表（包括更新后的路由表）。距离矢量路由器关心的是到目的网段的距离（开销）和矢量（方向，即从哪个端口转发数据）。在发送数据前，距离矢量协议计算到达目的网段的度量值；在收到相邻路由器通告的路由时，将学到的网段信息和收到此网段信息的端口关联起来，以后有数据要转发到这个网段时就使用这个关联的端口作为输出端口。

距离矢量算法周期性地将路由表信息的拷贝在路由器之间传送。当网络拓扑结构变化时，也会将更新信息及时传送给相邻路由器。每个路由器只能接收到网络中相邻路由器的路由表。

大多数距离矢量协议都以贝尔曼－福特算法为基础（EIGRP 除外）。距离矢量算法的名称由来是其路由是以矢量（距离、大小）方式通告出去的。其中距离是根据度量定义的，方向是由下一跳路由器定义的。距离矢量协议中，每台路由器的信息都依赖于相邻路由器，而相邻路由器又依赖于它们的相邻路由器。所以，距离矢量协议又被认为是“依照传闻进行路由选择”的协议。

典型的距离矢量协议都会使用一个路由选择算法。算法中路由器通过广播整个路由表，定期地向所有相邻路由器发送路由更新信息（EIGRP 除外）。

距离矢量协议的共同属性如下。

1. 定期更新（periodic updates）

定期更新意味着经过特定时间周期就要发送更新信息。

2. 邻居（neighbor）

邻居通常意味着共享相同数据链路的路由器或更高层上的逻辑邻居关系。距离矢量协议向邻居发送路由器（只考虑路由器）更新信息，并依靠邻居再向它们的邻居传递更新信息。

3. 广播更新（broadcast updates）

当路由器被激活时（运行路由协议），它会向网络中广播更新信息，使运行相同路由协议的路由器收到广播数据包并做出相应动作。不关心路由更新的主机或运行其他协议的路由器丢弃该数据包。

4. 路由表更新

大多数距离矢量协议使用广播向相邻路由器发送整个路由表，而相邻路由器在接受路由表时，只会选择自己路由表中没有的信息而丢弃其他信息。

11.2.3　RIP 概述

路由器的关键作用是互连网络，每个路由器与两个以上的实际网络相连，负责在这些网络之间转发数据报。在讨论 IP 选路和报文转发时，人们总是假设路由器包含了正确的路由，而且路由器可以利用 ICMP 重定向机制来要求与之相连的主机更改路由。但在实际情况下，在进行 IP 选路之前必须先通过某种方法获取正确的路由表。在小型的、变化缓慢的互连网络中，管理者可以用手工方式建立和更改路由表。而在大型的、迅速变化的互连网络中，人工更新的办法因速度慢不能被人们接受。这就需要自动更新路由表的方法，即所谓的动态路由协议，RIP 是其中最简单的一种。

1. RIP 的产生

RIP 是 Routing Information Protocol（路由信息协议）的简称。RIP 是最早出现的一种动态路由协议，它最初发源于 UNIX 系统的 GATED 服务，在 RFC 1508 文档中对 RIP 进行了描述。RIP 系统的开发是以 XEROX Palo Alto 研究中心（PARC）所进行的研究和 XEROX 的 PDU 和 XNC 路由选择协议为基础的。RIP 的广泛应用却得益于它在加利福尼亚大学伯克利分校的许多局域网中的实现。

RIP 是一种相对简单的动态路由协议，但在实际使用中有着广泛的应用。RIP 是一种基于贝尔曼 - 福特算法的路由协议，它通过 UDP 交换路由信息，每隔 30 s 向外发送一次更新报文。如果路由器经过 180 s 没有收到来自相邻路由器的更新报文，则将所有来自此路由器的路由信息标识为不可达；如果在其后 120 s 内仍未收到更新报文，就将该条路由从路由表中删除。RIP 使用跳数（hop count）来衡量到达目的网络的距离，称为路由权（routing meric）。在 RIP 中，路由器到与它直接相连的网络的跳数为 0（需要注意的是，在 ZTE 路由器中定义为 1，在其他厂家的路由器中定义为 0），通过一个路由器可达的网络的跳数为 1，依此类推。为了限制收敛时间，RIP 规定跳数取 0 ~ 15 的整数，大于或等于 16 的跳数被定义为无穷大，即目的网络或主机不可达。

2. RIP 的概念

RIP 协议是基于贝尔曼 - 福特算法的内部动态路由协议。贝尔曼 - 福特算法又称为距离向量算法。这种算法在 ARPARNET 早期就用于计算机网络的路由计算。

由于历史的原因，当前的 Internet 由一系列自治系统组成，各自治系统通过一个核心路由器连到主干网上。每个自治系统都有自己的路由技术，不同的自治系统的路由技术是不相同的。用于自治系统间端口上的单独的协议称为外部网关协议。用于自治系统内部的路由协议称为内部网关协议。内部网关协议与外部网关协议不同，外部网关协议只有一个，而内部网关协议则是一族。各内部网关协议的区别在于距离制式（distance metric，即距离度量标准）和路由刷新算法不同。RIP 是使用最广泛的内部网关协议之一，著名的路径刷新程序 Routed 便是根据 RIP 实现的。RIP 被设计用于使用同种技术的中型网络，因此适用于大多数校园网和速率变化不是很大的连续的地区性网络。对于更复杂的环境，一般不使用 RIP。

3. RIP 的特点

RIP 具有以下特点。

（1）RIP 属于典型的距离矢量协议。

（2）RIP 通过跳数来衡量距离的优劣。

（3）RIP 允许的最大跳数为 15，跳数大于或等于 16 时表示不可达。

（4）RIP 仅和相邻路由器交换信息。

（5）RIP 交换的路由信息是当前路由器的整个路由表。

（6）RIP 每隔 30 s 周期性地交换路由信息。

（7）RIP 适用于中小型网络，分为 RIPv1 和 RIPv2 两个版本。

随着 OSPF 与 IS - IS 的出现，许多人都相信 RIP 已经过时了。事实上，尽管新的内部

网关协议的确比 RIP 优越得多，但 RIP 也确有它自己的一些优点。首先，在一个小型网络中，RIP 对于使用带宽以及网络的配置和管理方面的要求是很少的，与新的内部网关协议相比，RIP 非常容易实现。此外，现在 RIP 还在大量使用，这是 OSPF 与 IS－IS 所不能比的。而且，看起来这种状况还将持续一定时间。既然 RIP 在许多领域和一定时期内仍具有使用价值，那么就有理由增加 RIP 的有效性，这是毫无疑问的，因为对已有技术进行改造来获得益比彻底更新技术要现实得多。

11.2.4　RIP 的实现

1. RIP 路由表的初始化

路由器在刚开始工作时，只知道到自己直连端口的路由（直连路由），在 RIP 中将直连路由的距离定义为 0。例如路由器 RA、RB 仅知道与它们直接连接的网络信息，RA 在初始化时将它的直连子网 10.1.0.0 和 10.2.0.0 距离定义为 0；RB 在初始化时将它的直连子网 10.2.0.0 和 10.3.0.0 距离定义为 0。

2. RIP 路由表的更新

在 RIP 中，路由器每隔 30 s 周期性地向其相邻路由器发送自己的完整的路由表信息，并且同样也从相邻路由器接收路由信息，然后更新自己的路由表。

在 RIP 中，路由表的更新遵循以下原则。

(1) 对本路由表中已有的路由项，当发送报文的网关相同时，不论度量值增大还是减小，都更新该路由项。

(2) 对本路由表中已有的路由项，当发送报文的网关不同时，只在度量值减小时才更新该路由项。

(3) 对本路由表中不存在的路由项，在度量值小于不可达值（16）时，在路由表中增加该路由项。

(4) 路由表中的每一路由项都对应一个老化定时器，当路由项在 180 s 内没有任何更新时，定时器超时，该路由项的度量值变为不可达值（16）。

(5) 某路由项的度量值变为不可达值（16）后，在 120 s 之后将它从路由表中清除。

11.2.5　RIP 的工作过程

某路由器刚启动 RIP 时，以广播的形式向相邻路由器发送请求报文，相邻路由器的 RIP 收到请求报文后，响应请求，回发包含本地路由表信息的响应报文。RIP 收到响应报文后，修改本地路由表信息，同时以触发修改的形式向相邻路由器广播本地路由表修改信息。相邻路由器收到触发修改报文后，又向其各自的相邻路由器发送触发修改报文。在一连串的触发修改报文广播后，各路由器的路由表都得到修改并保持最新信息。同时，RIP 每 30 s 向相邻路由器广播本地路由表，各相邻路由器的 RIP 在收到路由报文后，对本地路由表进行维护，在众多路由中选择一条最佳路由，并向各自的相邻网广播路由修改信息，使路由达到全局有效。同时 RIP 采取一种超时机制对过时的路由进行超时处理，以保证路由的实时性和有效性。RIP 作为内部网关协议，正是通过这种报文交换的方式使路由器了解本自治系统内部个网络的路由信息。

RIP 支持 RIPv1 和 RIPv2 两种版本的报文格式。RIPv2 还提供了对子网的支持和认证报文形式。RIPv2 的报文提供子网掩码域，以提供对子网的支持；另外，当报文中的路由项地址域值为 0xFFFF 时，默认该路由项的剩余部分为被认证。

11.2.6 RIP 的配置

（1）开始 RIP 路由进程。

```
Router(config)#router rip
```

（2）选择参与 RIP 路由进程的网络（端口），并在此端口上接受和发送 RIP 路由更新信息。

```
Router(config-router)# network network-wildmask
```

（3）要清除这个设置，使用此命令 no 格式。

```
Router(config-router)# no network network-wildmask
```

11.3 任务单

任务 11 的任务单见表 11-1。

表 11-1 任务 11 的任务单

<table>
<tr><td>项目四</td><td colspan="5">网络互连技术</td></tr>
<tr><td>工作任务</td><td colspan="3">任务 11　通过动态路由协议（RIP）互连网络</td><td>课时</td><td></td></tr>
<tr><td>班级</td><td></td><td>小组编号</td><td></td><td>组长姓名</td><td></td></tr>
<tr><td>成员名单</td><td colspan="5"></td></tr>
<tr><td>任务描述</td><td colspan="5">根据实验要求，搭建网络拓扑结构，通过动态路由协议（RIP）组建网络</td></tr>
<tr><td>工具材料</td><td colspan="5">计算机（1 台）、思科模拟器软件</td></tr>
<tr><td>工作内容</td><td colspan="5">（1）按照网络拓扑结构组建网络；
（2）配置交换机的 RIP；
（3）配置路由器的 RIP；
（4）配置计算机的 IP 地址及网关的 IP 地址。
（5）验证结果</td></tr>
<tr><td>注意事项</td><td colspan="5">（1）遵守机房的工作和管理制度；
（2）注意用电安全，谨防触电；
（3）各小组固定位置，按任务顺序展开工作；
（4）爱护工具仪器；
（5）按规范操作，防止损坏仪器仪表；
（6）保持环境卫生，不乱扔废弃物</td></tr>
</table>

11.4 任务实施：通过动态路由协议（RIP）互连网络

动态路由协议（RIP）的配置

1. 任务准备

在三层交换机上划分 VLAN10 和 VLAN20，其中 VLAN10 用于连接企业网主机，VLAN20 用于连接路由器 R1。

2. 任务实施步骤

（1）按照图 11-1 组建网络。在三层交换机上划分 VLAN10 和 VLAN20，其中 VLAN10 用于连接企业网主机，VLAN20 用于连接路由器 R1。路由器之间通过串口连线，DCE 端连接在 R1 上，配置其时钟频率为 64 000 Hz。在交换机和路由器 R1 和 R2 上都配置 RIPv2。

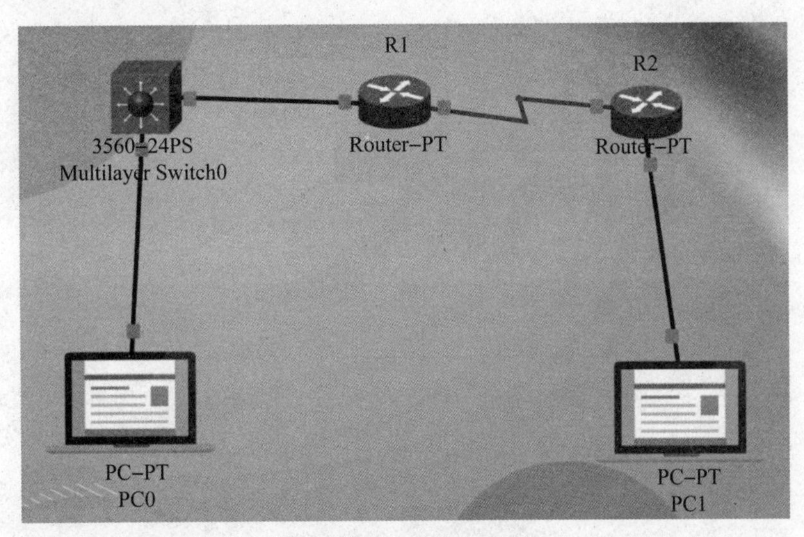

图 11-1 网络拓扑

（2）配置交换机的 RIP。

```
• Switch >enable
• Switch#configure terminal
• Switch(config)#ip routing
• Switch(config)#vlan 10
• Switch(config-vlan)#exit
• Switch(config)#vlan 20
• Switch(config-vlan)#exit
• Switch(config)#interface fastEthernet 0/10
• Switch(config-if)#switchport access vlan 10
• Switch(config-if)#exit
• Switch(config)#interface fastEthernet 0/20
• Switch(config-if)#switchport access vlan 20
```

- Switch(config-if)#exit
- Switch(config)#exit
- Switch#configure terminal
- Switch(config)#interface vlan 10
- Switch(config-if)#ip address 192.168.1.1 255.255.255.0
- Switch(config-if)#exit
- Switch(config)#interface vlan 20
- Switch(config-if)#ip address 192.168.3.1 255.255.255.0
- Switch(config-if)#exit
- Switch#configure terminal
- Switch(config)#router rip
- Switch(config-router)#network 192.168.1.0 Switch(config-router)#network 192.168.3.0 Switch(config-router)#version 2 //配置 RIPv2 版本
- Switch(config-router)#exit

（3）配置路由器的 RIP。

- Router>enable
- Router#configure terminal
- Router(config)#interface fastEthernet 0/0
- Router(config-if)#no shutdown
- Router(config-if)#ip address 192.168.3.2 255.255.255.0
- Router(config-if)#exit
- Router(config)#interface serial 2/0
- Router(config-if)#no shutdown
- Router(config-if)#ip address 192.168.4.2 255.255.255.0
- Router(config-if)#clock rate 64000
- Router(config-if)#exit
- Router(config)#router rip
- Router(config-router)#network 192.168.3.0
- Router(config-router)#network 192.168.4.0
- Router(config-router)#version 2
- Router(config-router)#exit
- Router>enable
- Router#configure terminal

- Router(config)#interface fastEthernet 0/0
- Router(config-if)#no shutdown
- Router(config-if)#ip address 192.168.2.1 255.255.255.0
- Router(config-if)#exit
- Router(config)#interface serial 2/0
- Router(config-if)#no shutdown
- Router(config-if)#ip address 192.168.4.1 255.255.255.0
- Router(config-if)#exit
- Router(config)#exit
- Router#configure terminal
- Router(config)#router rip
- Router(config-router)#network 192.168.4.0 Router(config-router)#network 192.168.2.0 Router(config-router)#version 2
- Router(config-router)#exit
- Router(config)#exit

(4) 配置计算机的 IP 地址及网关的 IP 地址。

(5) 验证结果。

①输入“SW1#show ip route”，如图 11-2 所示。

```
SW1$show ip route
Codes: C - connected, S - static, I - IGRP, R - RIP, M - mobile, B -
BGP
       D - EIGRP, EX - EIGRP external, O - OSPF, IA - OSPF inter area
       N1 - OSPF NSSA external type 1, N2 - OSPF NSSA external type 2
       E1 - OSPF external type 1, E2 - OSPF external type 2, E - EGP
       i - IS-IS, L1 - IS-IS level-1, L2 - IS-IS level-2, ia - IS-IS
inter area
       * - candidate default, U - per-user static route, o - ODR
       P - periodic downloaded static route

Gateway of last resort is not set

C    192.168.1.0/24 is directly connected, Vlan10
R    192.168.2.0/24 [120/2] via 192.168.3.2, 00:00:09, Vlan20
C    192.168.3.0/24 is directly connected, Vlan20
R    192.168.4.0/24 [120/1] via 192.168.3.2, 00:00:09, Vlan20
```

图 11-2　验证结果

②PC0 和 PC1 能相互 ping 通。

11.5　任务评价

任务 11 的任务评价见表 11-2。

表 11－2　任务 11 的任务评价

项目四　网络互连技术							
任务 11　通过动态路由协议（RIP）互连网络							
班 级				小组编号			
分数 姓名 标准							
责任心	10						
知识点掌握	30						
操作步骤规范	10						
团队协作	10						
结果验证成功	40						

任务 12　通过动态路由协议（OSPF）互连网络

12.1　任务描述

公司正在新建一个大型企业网络，网络中路由器等三层设备较多，开始规划时使用 RIP 进行配置，但在施工中发现经常出现网络环路，并且网络的直径超过 15 跳，出现路由不可达的情况。OSPF（Open Shortest Path First，开放式最短路径优先）比较适合大型网络，小赵准备采用 OSPF 协议进行组网。

12.2　相关知识

12.2.1　链路状态路由协议

OSPF
协议原理

1. RIP 的缺陷

在 20 世纪 80 年代，人们使用的主要动态路由协议为 RIP。RIP 有一些缺陷，主要表现在以下几个方面。

（1）度量值的可信度差。RIP 只以跳数衡量路由的优劣，对路由器之间的链路带宽、延迟等因素不予考虑，这会导致数据包传送在实际带宽窄和延时大的链路上。

（2）交换路由信息对网络带宽浪费大。对于 RIP，相邻路由器之间通过定期广播整个路由表信息来进行路由信息的交换，然而，在传递的路由表中，有些路由信息对于接收方

来说可能完全不需要，这就对网络带宽造成了浪费；另外，在稍大一点的网络中，路由器之间交换的路由表会很大，而且很难维护，导致路由收敛很缓慢。

（3）RIPv1 不支持 CIDR 和 VLSM。

2. 链路状态路由协议介绍

为了更加合理地计算路由和使用网络资源，需要一种新的路由协议，这就是链路状态路由协议。基于链路状态的路由算法也叫作最短路径优先（SPF）算法。该算法维护关于整个网络拓扑信息的数据库。每个链路状态路由器提供关于它的邻居的拓扑结构的信息。这个信息在网络上泛洪，目的是使所有路由器可以接收到第一手信息。链路状态路由器并不会广播路由表内的所有路由信息，相反，链路状态路由器发送已经改动的链路状态信息。

链路状态路由器向它的邻居发送呼叫消息，这种信息称为链路状态通告（LSA）。然后，邻居将 LSA 复制到它们的路由表中，并传递该信息到网络的剩余部分，这个过程称为泛洪。它的结果是向网络发送第一手信息，为网络建立更新路由的准确映射。链路状态路由协议不使用跳数来衡量路由的优劣。其代价是自动或人工赋值的。根据链路状态路由协议的算法，代价可以由数据包必须穿越的跳数、链路带宽、链路负荷或者由管理员加入的其他权重来评价。

链路状态路由协议的工作过程如下。

（1）每台路由器通过泛洪 LSA 向外发布本地链路状态信息。

（2）每台路由器通过收集其他路由器发布的 LSA 以及自身生成的本地 LSA，形成一个链路状态数据库（LSDB），最终所有路由器上的 LSDB 是相同的。

（3）每台路由器通过自己的 LSDB 计算一个以自己为根、以网络中其他节点为叶的最短路径树。

（4）每台路由器计算的最短路径树给出了到网络中其他节点的路由信息。

OSPF 协议为链路状态路由协议，它与距离矢量协议的区别在于路由器间交互的是各自的链路状态信息（链路的类型、链路的开销、链路所连的路由器）而非路由信息。当各路由器的 LSDB 完全一致时，每台路由器均有全网的链路状态信息。

12.2.2　OSPF 协议概述和特点

OSPF 协议是目前使用最广泛的内部网关协议之一，也是数据通信领域技术人员必须掌握的动态路由协议。

OSPF 是 IETF 开发的基于链路状态的内部网关协议。目前 IPv4 使用的是 OSPF v2（RFC2328）；IPv6 使用的是 OSPF v3（RFC2740）。如无特殊说明，本任务所指的 OSPF 均为 OSPF v2。

在 OSPF 协议出现前，网络上广泛使用 RIP 作为内部网关协议，RIP 是基于距离矢量算法的路由协议。通过前面的学习，我们知道距离矢量协议存在收敛慢、路由环路、可扩展性差等问题，已逐渐被链路状态路由协议取代，现网络中基本不再部署距离矢量协议。

OSPF 协议之所以在真实的网络环境中运用广泛，是因为它适用于广播（Broadcast）、点到点（P2P）、点到多点（P2MP）、非广播多路访问（NBMA）网络类型。当前运用最多的是以太网广播型网络，本书在讲解 OSPF 协议时也以以太网广播型网络为参考。

OSPF 协议最核心的思想是在同一个自治系统中运行 OSPF 协议的区域内路由器具有相

同的 LSDB，在进行路由计算时，每台路由器可描绘出以自己为根节点，以目标网络或节点为叶子节点的最短路径，从而计算生成最佳路由。

OSPF 协议的特点如下。

（1）适应范围广。OSPF 协议支持各种规模的网络，最多可支持几百台路由器。

（2）最佳路径。OSPF 协议基于带宽选择路径。

（3）快速收敛。如果网络拓扑结构发生变化，OSPF 协议立即发送更新报文，使这一变化在自治系统中同步。

（4）无自环路由。OSPF 协议使用 OSPF 算法计算最短路径树，这从算法本身保证了不会生成自环路由。

（5）支持变长子网掩码。由于 OSPF 协议在描述路由时携带网段的掩码信息，因此不受子网掩码的限制，能够对 VLSM 和 CIDR 提供很好的支持。

（6）支持区域划分。OSPF 协议允许将自治系统的网络划分成区域来管理，区域间传送的路由信息被进一步抽象，从而减少了占用网络的带宽。

（7）等值路由。OSPF 协议支持到同一目的地址的多条等值路由。

（8）支持验证。OSPF 协议支持基于接口的报文验证以保证路由计算的安全性。

（9）组播发送。OSPF 协议在有组播发送能力的链路层上以组播地址发送协议报文，既达到了广播的作用，又最大限度地减少了对其他网络设备的干扰。

12.2.3 OSPF 协议的基本概念

1. 自治系统

一个自治系统是指使用同一种路由协议交换路由信息的一组路由器。在计算机网络中，自治系统是指在一个（有时是多个）实体管辖下的所有 IP 网络和路由器的网络，网络中的设备执行相同的路由策略。每个自治系统可以支持多个内部网关协议。一个公司或一个学校的运行相同的 OSPF 进程号的多台路由器可看作一个自治系统。

2. 环回端口和端口

环回端口（Loopback Interface）为设备的逻辑端口，不随物理端口状态的变化而变化，只要路由器正常运行，环回端口就永远处于激活状态（Up），该端口非常适合用于设备管理、协议地址等。

端口（Interface）是路由器与具有唯一 IP 地址和子网掩码的网络之间的连接口，也可称为链路（Link）。

3. 路由器 ID

OSPF 协议使用一个被称为路由器 ID（Router ID）的 32 位无符号整数来唯一标识一台路由器。这个编号在整个自治系统内部是唯一的。

路由器 ID 是否稳定对于 OSPF 协议的运行来说是很重要的。路由器 ID 可以通过手工配置和自动选取两种方式产生。手工配置路由器 ID 时，一般将其配置为该路由器的某个活动状态的端口 IP 地址。自动选取的原则如下：①如果路由器配置了环回端口，选取具有最小 IP 地址的环回端口的 IP 地址作为路由器 ID。②如果不存在环回接口，则选取路由器上处于激活状态的物理端口中 IP 地址最小的那个端口的 IP 地址作为路由器 ID。

采用环回端口的好处是，它不像物理端口那样随时可能失效。因此，用环回端口的 IP 地址作为路由器 ID 更稳定，也更可靠。

当一台路由器的路由器 ID 选定以后，除非该 IP 地址所在端口被关闭或该 IP 地址被删除、更改和路由器重新启动，否则路由器 ID 将一直保持不变。

4. 邻居

运行 OSPF 协议的路由器周期性发送 Hello 数据包，Hello 数据包的 TTL 值为 1。可以互相收到对方 Hello 数据包的路由器构成邻居（Neighbor）关系。

5. 邻接

邻接（Adjacency）关系是一种比邻居关系更为密切的关系。互为邻接关系的两台路由器之间不但交流 Hello 数据包，还发送 LSA 泛洪消息。

6. 邻居表

邻居表（Neighbor Database）是运行 OSPF 协议的路由器间的邻居状态关系表，它用于记录已成功交换 Hello 数据包的邻居路由器。路由器间能够建立 OSPF 邻居关系的前提是它们配置了相同的 OSPF 进程号、路由器互连端口在相同的区域内及端口 IP 地址处于相同的网段内。

7. LSDB

在一个 OSPF 区域内，每个路由器都将自己的活动端口（并且是运行 OSPF 协议的端口）的状态及所连接的链路情况通告给其他所有路由器。同时，每个路由器也收集本区域内所有其他路由器的链路状态信息，并将其汇总成为 LSDB。

经过一段时间的同步后，同一个 OSPF 区域内的所有路由器将拥有完全相同的 LSDB。这些路由器定时传送 Hello 存活信息包以及 LSA 更新数据包以反映网络拓扑结构的变化。

8. 骨干区域

骨干区域（Backbone Area）即区域0（区域号为0）。OSPF 协议引入区域的概念后，可人为地将 LSDB 空间减小，不必使全网路由器拥有完全一致的 LSDB，这样可以减少链路振荡引起 LSDB 的频繁更新，同样可以减少工程投资。在实际工程应用中，处于骨干区域的路由器的性能最好，可容纳处理的路由条目也最多，一般作为网络的核心及出口。

9. 非骨干区域

非骨干区域即区域号非 0 的区域。非骨干区域路由器的性能不如骨干区域路由器的性能，OSPF 协议规定，所有非骨干区域必须和骨干区域相连，以保证区域间的连通性。

10. 指定路由器

指定路由器（Designated Router，DR）应用于广播型及非广播多路访问型网络中（简称 MA 网络）。在 DR 出现前，MA 网络中所有路由器需要建立邻居/邻接关系，邻接关系的数量为 $n(n-1)/2$，随着 MA 网络中路由器数量的增加，邻接关系将随 n 的平方的关系增加，那么大量无用的冗余信息将会在网络中泛滥，OSPF 计算也会变得无比复杂。

为此，可把 MA 网络视为一个伪节点（pseudonode）。这样便可通过伪节点泛洪单条链路状态消息，来通告对应的 MA 链路，并列出接入链路的所有节点。充当伪节点角色的路由器则被认为是 DR。

11. 备份指定路由器

备份指定路由器（Backup Designated Router，BDR）是指在 MA 网络中充当 DR 的备份路由器。当 DR 失效后，BDR 快速生效。

12. 区域内路由器

区域内路由器（Inter Area Router，IAR）是指该路由器的所有端口都属于同一个 OSPF 区域。该路由器负责维护本区域内部的 LSDB。

13. 骨干路由器

骨干路由器（Back Bone Router，BBR）是指该路由器属于骨干区域（区域 0）。由定义可知，所有的区域边界路由器（Area Border Router，ABR）都是骨干路由器，所有的骨干区域内部的 IAR 也都是 BBR。

14. 区域边界路由器

ABR 是指处于区域 0 和非区域 0 边界的路由器。该路由器同时属于两个以上的区域（其中必须有一个是骨干区域，也就是区域 0）。该路由器拥有所连接区域的所有 LSDB，并负责在区域之间发送 LSA 更新消息。

15. 自治系统边界路由器

自治系统边界路由器（Autonomous System Border Router，ASBR）位于 OSPF 自治系统和非 OSPF 网络之间，它在 OSPF 网络中的物理位置是可变的。路由器运行 OSPF 协议的目的是保证自治系统内的路由器间链路互通，而在自治系统中大部分路由都是引入的外部路由，无论组网规模如何，自治系统中（域内）的路由数量都是有限的。

引入 OSPF 外部路由的是 ASBR，ASBR 可以是区域 0 内的路由器，也可以是 ABR，还可以是其他区域内的路由器。

12.2.4 OSPF 协议的算法

由于 OSPF 协议是一个链路状态协议，OSPF 路由器通过建立 LSDB 生成路由表，这个数据库里有所有网络和路由器的信息。路由器使用这些信息构造路由表，为了保证可靠性，所有路由器必须有一个完全相同的 LSDB。

LSDB 是由 LSA 组成的，而 LSA 是每台路由器产生的，并在整个 OSPF 网络中传播。LSA 有许多类型，完整的 LSA 集合将为路由器展示整个网络的精确分布图。OSPF 协议使用开销（Cost）作为度量值。开销被分配到路由器的每个端口上，在默认情况下，一个端口的开销以 100 Mbit/s 为基准自动计算得到。到某个特定目的地的路径开销是这台路由器和目的地之间的所有链路的开销和。

为了从 LSDB 中生成路由表，路由器运行最短路径优先（SPF）算法构建一棵开销路由树，路由器本身作为开销路由树的根。SPF 算法使路由器计算出它到网络上每一个节点的开销最低的路径，路由器将这些路径的路由存入路由表，如图 12－1 所示。

和 RIP 不同，OSPF 协议不是简单地周期性广播它所有的路由选择信息。OSPF 路由器使用 Hello 报文让邻居知道自己仍然存活。如果一台路由器在一段特定的时间内没有收到来自邻居的 Hello 报文，表明这个邻居可能已经不再运行了。

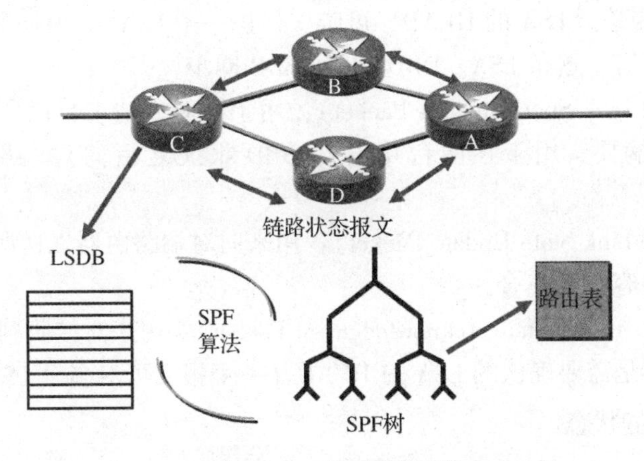

图 12-1　SPF 算法示意

OSPF 路由刷新时间是递增式的，路由器通常只在网络拓扑结构改变时发出刷新信息。当 LSA 的年龄达到 ZXR10 1 800 s 时，重新发送一个该 LSA 的新版本。

12.2.5　OSPF 协议的网络类型

根据数据链路层协议类型，OSPF 协议将网络分为 4 种类型。

1. 广播类型

数据链路层协议是 Ethernet. FDDI、TokenRing，以组播的方式发送协议报文，选举 DR 和 BDR。

2. NBMA 类型

NBMA（NonBroadcast MultiAccess）称为非广播多路访问，数据链路层协议是帧中继、ATM、HDLC 和 X. 25 等。

3. P2P 类型

链路层协议是 PPP 或 LAPB 时，默认网络类型为 P2P。无须选择 DR 和 BDR，当只有两台路由器的端口要形成邻接关系的时候才使用。

4. P2MP 类型

P2MP 称为点到多点，没有一种数据链路层协议会被缺省地认为是 P2MP 类型。P2MP 必然是由其他网络类型强制更改的，常见的做法是将非全连通的 NBMA 网络改为 P2MP 网络。

12.2.6　OSPF 协议的报文类型

OSPF 网络主要通过 OSPF 报文传递链路状态信息，完成 LSDB 的同步。OSPF 报文共有以下 5 种类型。

（1）Hello 报文（Hello Packet）：最常用的一种报文，被周期性地发送给本路由器的邻居。其内容包括一些定时器的数值、DR、BDR，以及已知的邻居。Hello 报文包含很多信息，其中 Hello/dead intervals、Area - ID、Authentication password、Stub area flag 必须一致，相邻路由器才能建立邻居关系。

（2）DBD 报文（DataBase Description Packet）：该描述自己的 LSDB，包括 LSDB 中每一

条 LSA 的摘要（摘要是指 LSA 的 HEAD，可唯一标识一条 LSA），根据 HEAD，对端路由器就可以判断是否已经有了这条 LSA。DBD 用于 LSDB 同步。

（3）LSR 报文（Link State Request Packet）：用于向对方请求自己所需的 LSA。内容包括所请求的 LSA 的摘要，用于在两台路由器 DBD 报文之后向对端路由器清求所需要的 LSA。

（4）LSU 报文（Link State Update Packet）：用来向对端路由器发送所需要的 LSA，内容是多条 LSA（全部内容）的集合。

（5）LSAck 报文（Link State Acknowledgment Packet）：用来对接收到的 DBD 报文、LSR 报文进行确认。内容是需要确认的 LSA 的 HEAD（一个报文可对多个 LSA 进行确认）。

12.2.7 OSPF 邻居的状态

运行 OSPF 协议的路由器互相之间会发送 Hello 数据包，以发现 OSPF 邻居。在建立 OSPF 邻居关系后，有些路由器还会进一步形成邻接关系，在邻接关系中 OSPF 经历的状态如下。

（1）Down 状态：初始状态，指没有收到对方的 Hello 报文。

（2）Atempt 状态：只适用于 NBMA 类型的端口，处于本状态时，路由器定期向那些手工配置的邻居发送 Hello 报文。

（3）Init 状态：表示已经收到了邻居的 Hello 报文，但是该报文中列出的邻居中没有包含自己的路由器 ID，即对方并没有收到自已发的 Hello 报文。

（4）Two – Way 状态：表示双方互相收到了对端发送的 Hello 报文，建立了邻居关系。在广播和 NBMA 类型的网络中，两个端口状态是 DROther（非指定路由器）的路由器将保持在此状态。其他情况路由器将继续转入高级状态。

（5）ExStart 状态：在此状态下，路由器和它的邻居之间通过互相交换 DBD 报文（该报文并不包含实际的内容，只包含一些标志位）来决定发送时的主/从关系。建立主/从关系主要是为了保证后续的 DBD 报文能够有序发送。

（6）Exchange 状态：路由器将本地的 LSDB 用 DBD 报文来描述，并发给邻居。

（7）Loading 状态：路由器发送 LSR 报文向邻居请求对方的 DBD 报文。

（8）Full 状态：在此状态下，邻居的 LSDB 中所有的 LSA 本路由器全都有了，即本路由器和邻居建立了邻接状态。在 OSPF 邻居关系的建立过程中，当配置 OSPF 协议的路由器刚启动时，相邻路由器之间的 Hello 数据包交换过程是最先开始的。

12.2.8 OSPF 邻居关系的建立过程

当配置 OSPF 协议的路由器刚启动时，相邻路由器（配置有 OSPF 进程）之间的 Hello 数据包交换过程是最先开始的。

步骤 1：路由器 A 在网络里刚启动时处于 Down 状态，因为它没有和其他路由器进行交换信息。它开始向加入 OSPF 进程的端口发送 Hello 报文，尽管它不知道任何路由器和谁是 DR。广播类型、P2P 类型网络的 Hello 数据包是用多播地址 224.0.0.5 发送的，NBMA、P2MA 和虚拟链路这 3 种类型网络的 Hello 数据包是用单播地址发送的。

步骤 2：所有运行 OSPF 协议的与路由器 A 直连的路由器收到路由器 A 的 Hello 数据包后把路由器 A 的 ID 添加到自己的邻居列表中。这个状态是 Init。

步骤3：所有运行 OSPF 协议的与路由器 A 直连的路由器向路由器 A 发送单播的回应 Hello 数据包，Hello 数据包中邻居字段包含所有已知路由器 ID。

步骤4：当路由器 A 收到这些 Hello 数据包后，它将其中所有包含自己路由器 ID 的路由器都添加到自己的邻居表中。这个状态是 Two－Way。这时，所有在其邻居表中包含彼此路由器 ID 记录的路由器就建立起了双向的通信。

步骤5：如果网络是广播型或 NBMA 类型，就需要选举 DR 和 BDR。DR 将与网络中所有其他路由器建立双向的邻接关系。这个过程必须在路由器能够开始交换链路状态信息之前发生。

步骤6：路由器周期性地（广播型网络中周期缺省值是 10 s）在网络中交换 Hello 数据包，以确保通信仍然正常。更新用的 Hello 数据包包含 DR、BDR 以及其 hello 数据包已经被接收到的路由器列表。记住，这里的“接收到”意味着接收方的路由器在所接收到的 Hello 数据包中看到它自己的路由器 ID 是其中的条目之一。

12.2.9　OSPF 协议的区域划分

1. 单区域的问题

随着网络规模日益扩大，网络中的路由器数量不断增加，当一个巨型网络中的路由器都运行 OSPF 协议时，就会遇到以下问题。

（1）每台路由器部保留着整个网络中其他所有路由器生成的 LSA，这些 LSA 的集合组成 LSDB。路由器数量的增多会导致 LSDB 非常庞大，这会占用大量的存储空间。

（2）庞大的 LSDB 会增加运行 SPF 算法的复杂度，导致 CPU 负担很重。

（3）由于 LSDB 很大，两台路由器之间达到 LSDB 同步需要很长时间。

（4）网络规模扩大之后，网络拓扑结构发生变化的概率也增大，网络会经常处于“动荡”之中。为了同步这种变化，网络中会有大量的 OSPF 协议报文传送，从而降低了网络的带宽利用率。更糟糕的是，每一次变化都会导致网络中所有的路由器重新进行路由计算。

2. 区域划分

为了解决网络规模扩大带来的问题，OSPF 协议提出了区域的概念。它将运行 OSPF 协议的路由器分成若干区域，如图 12－2 所示。每个区域内部的路由器 LSA 及网络 LSA 只在该区域内部泛洪。这既减小了 LSDB 的大小，也减轻了单个路由器失效对整体网络的影响。当网络拓扑结构发生变化时，可以大大加速路由收敛过程。OSPF 区域特性增强了网络的可扩展性。

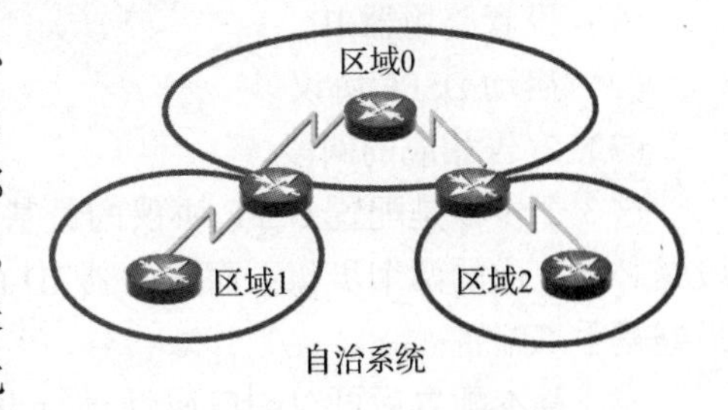

图 12－2　划分区域

12.2.10　OSPF 协议的规划

OSPF 区域号可以使用十进制数的格式定义，如区域 0；也可以使用 IP 地址的格式定义，如区域 0.0.0.0。OSPF 协议还规定，如果划分了多个区域，那么必须有一个区域 0，称为骨干区域。所有的其他类型的区域都需要与骨干区域相连（除非使用虚拟链路）。

一个网络是否需要运行 OSPF 协议，可以从以下几个方面来考虑。

1. 网络规模

一个网络中如果路由器少于5台，可以考虑配置静态路由，而一个路由器为10台左右规模的网络运行RIP即可满足需求。如果路由器更多则应该运行OSPF协议。如果网络属于不同的自治系统则还需要同时运行BGP。

2. 网络拓扑结构

如果网络拓扑结构是树形或星形（这种结构的特点是网络中大部分路由器只有一个向外的出口），可以考虑使用缺省路由+静态路由的方式。在星形结构网络的中心路由器上或树形结构网络的根节点路由器上配置大量的静态路由，而在其他路由器上配置缺省路由即可。如果网络拓扑结构是网状并且任意两台路由器都有相互通信的需求，则应该使用OSPF协议。

3. 一些特殊需求

如果用户对网络变化时路由的快速收敛性（特别的，如果网络拓扑结构是易产生路由自环的环状结构）、路由协议自身对网络带宽的占用等有较高的需求时，可以使用OSPF协议，因为这些正是它的优势所在。

4. 对路由器自身的要求

运行OSPF协议时对路由器的CPU的处理能力及内存大小都有一定的要求，性能很低的路由器不推荐使用OSPF协议。但一个OSPF网络是由各种路由器组成的，通常的做法是：在低端路由器上配置缺省路由到与之相连的路由器（通常处理能力会高一些），在它上面配置静态路由指向低端路由器，并在OSPF协议中引入这些静态路由。

以上各个方面并不是绝对的，只是一些参考的条件，而且这些条件又是相互制约的，所以要综合考虑。

12.2.11 OSPF协议的配置

基本配置步骤如下。

（1）设置路由器ID。

（2）启动OSPF协议。

（3）宣告相应的网段。

这3个步骤是配置OSPF协议的最基本的3个步骤，其中启动OSPF协议和宣告相应网段是必须完成的两个步骤，而路由器ID的设置则不是必须完成的，可以由系统自动配置，最好是手工配置。

完成基本配置后可对端口属性进行设置，如果网络规模较大，则需要划分区域，最后进行其他设置，如路由聚合、重分布、认证等。

OSPF协议配置命令如下。

（1）启动OSPF协议。

```
ZXR10(config)#router ospf <process-id>
```

（2）配置路由器ID。

```
ZXR10(config-router)#router-id <ip-address>
```

(3) 配置运行 OSPF 协议的端口及所在区域。

```
ZXR10(config-router)# network <ip-address> <wildcard-mask> area <area-id>
```

(4) 重分发其他路由协议。

```
ZXR10(config-router)# redistribute <protocol>
```

12.3　任务单

任务 12 的任务单见表 12-1。

表 12-1　任务 12 的任务单

项目四	网络互连技术				
工作任务	任务 12　通过动态路由协议（OSPF）互连网络			课时	
班级		小组编号		组长姓名	
成员名单					
任务描述	根据实验要求，搭建网络拓扑结构，通过动态路由协议（OSPF）组建网络				
工具材料	计算机（1 台）、思科模拟器软件				
工作内容	(1) 按照网络拓扑结构组建网络； (2) 配置计算机和路由器的 IP 地址； (3) 配置路由器单区域 OSPF 协议； (4) 验证结果				
注意事项	(1) 遵守机房的工作和管理制度； (2) 注意用电安全，谨防触电； (3) 各小组固定位置，按任务顺序展开工作； (4) 爱护工具仪器； (5) 按规范操作，防止损坏仪器仪表； (6) 保持环境卫生，不乱扔废弃物				

12.4　任务实施：通过动态路由协议（OSPF）互连网络

动态路由协议（OSPF）的配置

1. 任务准备

3 台路由器 R1、R2、R3 都运行 OSPF 协议，且所有端口都在区域 0 中，属于 OSPF 协议的单区域配置。

2. 任务实施步骤

(1) 按照图 12-3 组建网络。3 台路由器 R1、R2、R3 都运行 OSPF 协议，且所有端口都在区域 0 中，属于 OSPF 协议的单区域配置。

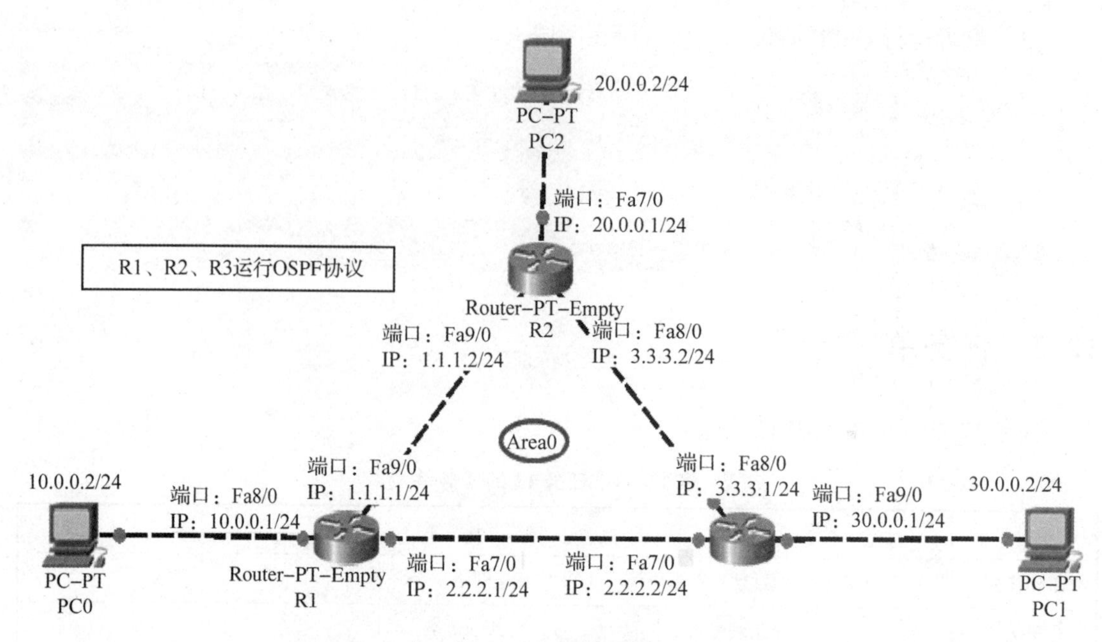

图 12－3　网络拓扑

（2）配置计算机和路由器的 IP。

首先按照图 12－3 连接好设备，然后配置各路由器的 IP、计算机的 IP 和网关。

①R1 配置：

```
Router(config)#hostname R1
R1(config)#interface fastEthernet 7/0
R1(config-if)#no shutdown
R1(config-if)#ip address 2.2.2.1 255.255.255.0
R1(config-if)#exit
R1(config)#interface fastEthernet 8/0
R1(config-if)#no shutdown
R1(config-if)#ip address 10.0.0.1 255.255.255.0
R1(config-if)#exit
R1(config)#interface fastEthernet 9/0
R1(config-if)#no shutdown
R1(config-if)#ip address 1.1.1.1 255.255.255.0
R1(config-if)#
```

②R2 配置：

```
Router(config)#hostname R2
R2(config)#interface fastEthernet 7/0
R2(config-if)#no shutdown
R2(config-if)#ip address 20.0.0.1 255.255.255.0
```

```
R2(config-if)#exit
R2(config)#interface fastEthernet 8/0
R2(config-if)#no shutdown
R2(config-if)#ip address 3.3.3.2 255.255.255.0
R2(config-if)#exit
R2(config)#interface fastEthernet 9/0
R2(config-if)#no shutdown
R2(config-if)#ip address 1.1.1.2 255.255.255.0
R2(config-if)#exit
```

③R3 配置：

```
Router(config)#hostname R3
R3(config)#interface fastEthernet 7/0
R3(config-if)#no shutdown
R3(config-if)#ip address 2.2.2.2 255.255.255.0
R3(config-if)#exit
R3(config)#interface fastEthernet 8/0
R3(config-if)#no shutdown
R3(config-if)#ip address 3.3.3.1 255.255.255.0
R3(config-if)#exit
R3(config)#interface fastEthernet 9/0
R3(config-if)#no shutdown
R3(config-if)#ip address 30.0.0.1 255.255.255.0
R3(config-if)#exit
```

(3) 配置路由器单区域 OSPF 协议。

①R1 配置：

```
R1(config)#router ospf 1                              //启用 OSPF 进程
R1(config-router)#network 1.1.1.0 0.0.0.255 area 0          //通告 1.1.1.0/24 网段
R1(config-router)#network 2.2.2.0 0.0.0.255 area 0          //通告 2.2.2.0/24 网段
R1(config-router)#network 10.0.0.0 0.0.0.255 area 0         //通告 10.0.0.0/24 网段
```

②R2 配置：

```
R2(config)#router ospf 1
R2(config-router)#network 1.1.1.0 0.0.0.255 area 0
R2(config-router)#network 3.3.3.0 0.0.0.255 area 0
R2(config-router)#network 20.0.0.0 0.0.0.255 area 0
```

③R3 配置：

```
R3(config)#router ospf 1
R3(config-router)#network 2.2.2.0 0.0.0.255 area 0
R3(config-router)#network 3.3.3.0 0.0.0.255 area 0
R3(config-router)#network 30.0.0.0 0.0.0.255 area 0
```

（4）验证结果。

①任何一台路由器用“show ip ospf neighbor”命令查看邻居建立情况，如图 12－4 所示。

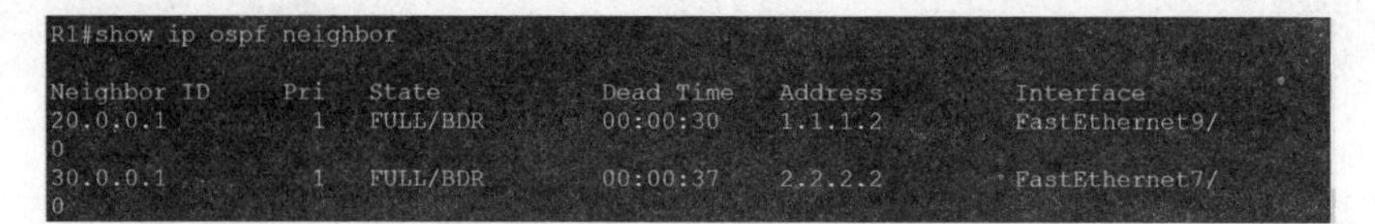

图 12－4　查看邻居建立情况

②任何一台路由器用“show ip route ospf”命令查看通过 OSPF 协议学习到的路由，如图 12－5 所示。

```
R1#show ip route ospf
     3.0.0.0/24 is subnetted, 1 subnets
O       3.3.3.0 [110/2] via 1.1.1.2, 00:16:38, FastEthernet9/0
                [110/2] via 2.2.2.2, 00:16:38, FastEthernet7/0
     20.0.0.0/24 is subnetted, 1 subnets
O       20.0.0.0 [110/2] via 1.1.1.2, 00:18:13, FastEthernet9/0
     30.0.0.0/24 is subnetted, 1 subnets
O       30.0.0.0 [110/2] via 2.2.2.2, 00:16:48, FastEthernet7/0
R1#
```

图 12－5　查看通过 OSPF 协议学习到的路由

③任选一台计算机，保证此计算机能够 ping 通其他两台计算机。

12.5　任务评价

任务 12 的任务评价见表 12－2。

表 12－2　任务 12 的任务评价

项目四　网络互连技术							
任务 12　通过动态路由协议（OSPF）互连网络							
班级				小组编号			
分数 姓名 标准							
责任心	10						
知识点掌握	30						
操作步骤规范	10						
团队协作	10						
结果验证成功	40						

拓展案例

1. 完成静态路由的配置

1）静态路由配置拓展案例 1

有 2 台计算机、3 台路由器，其中 R1、R2、R3 都使用静态路由进行配置，网络拓扑如图 12－6 所示。

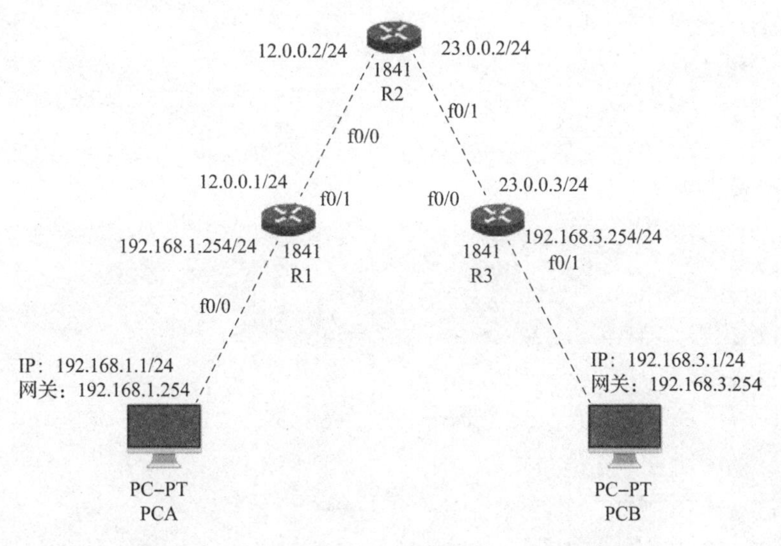

图 12－6　网络拓扑

默认路由又称为缺省路由，它是一种特殊的静态路由。当路由表中所有其他路由选择失败时，将使用默认路由。其中任务 10 中路由器 R3 上配置的为默认路由，也可以配置为静态路由（IP 路线：192. 168. 1. 0 → 255. 255. 255. 0 → 23. 0. 0. 2），其他路由器的配置可参考任务 10，读者可以做实验试一下。

2）静态路由拓展案例 2

在 R1、R2 上配置静态路由；在 R1、R2 上配置端口的 IP 地址和 R1 串口上的时钟频率；将 PC1、PC2 默认网关分别设置为路由器端口 f0/1IP 地址，网络拓扑如图 12－7 所示。

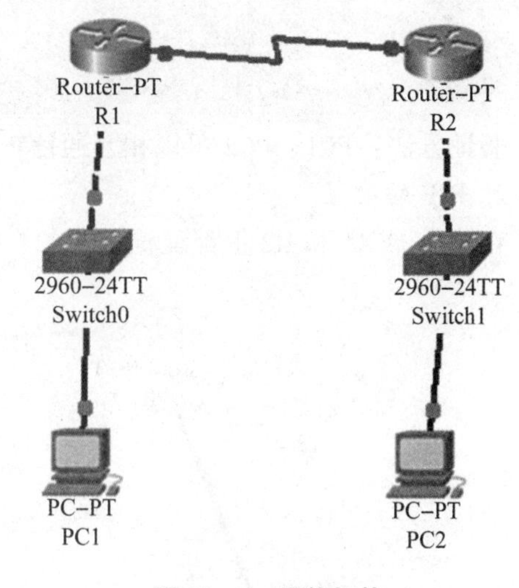

图 12－7　网络拓扑

配置部分提示如下。

（1）R1 配置：

```
Router >enable
Router#configure terminal
Router(config)#interface fastEthernet 1/0
```

```
Router(config-if)#no shutdown
Router(config-if)#ip address 192.168.1.1 255.255.255.0
Router(config-if)#exit
Router(config)#interface serial 2/0
Router(config-if)#no shutdown
Router(config-if)#ip address 192.168.3.1 255.255.255.0
Router(config-if)#clock rate 64000
Router(config-if)#exit
Router(config)#ip route 192.168.2.0 255.255.255.0 192.168.3.2
```

（2）R2 配置：

```
Router>en
Router#configure terminal
Router(config)#interface fastEthernet 1/0
Router(config-if)#no shutdown
Router(config-if)#ip address 192.168.2.1 255.255.255.0
Router(config-if)#exit
Router(config)#interface serial 2/0
Router(config-if)#no shutdown
Router(config-if)#ip address 192.168.3.2 255.255.255.0
Router(config-if)#exit
Router(config)#ip route 192.168.1.0 255.255.255.0 192.168.3.1
```

验证方法：PC1、PC2 可以相互通信；查看静态路由表。

2. RIP 的配置

在路由器 R1 和 R2 上都配置 RIP v2，网络拓扑如图 12-8 所示。

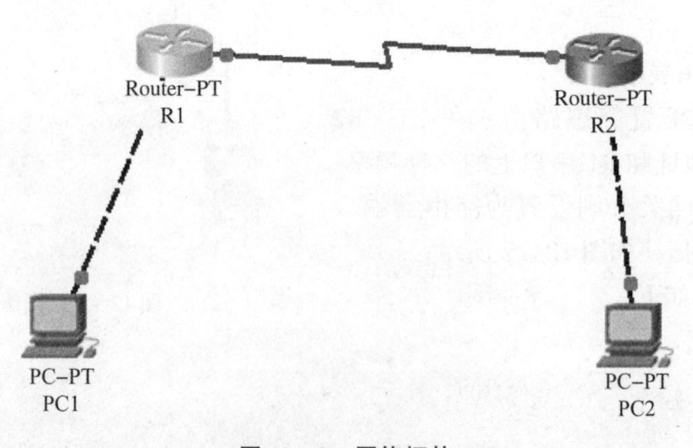

图 12-8　网络拓扑

配置部分提示如下。

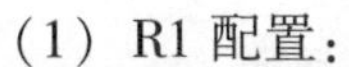

（1）R1 配置：

```
Router >enable
Router#configure terminal
Router(config)#interface fastEthernet 0/0
Router(config-if)#no shutdown
Router(config-if)#ip address 192.168.1.1 255.255.255.0
Router(config-if)#exit
Router(config)#interface serial 2/0
Router(config-if)#no shutdown
Router(config-if)#ip address 192.168.4.2 255.255.255.0
Router(config-if)#exit
Router(config)#router rip
Router(config-router)#network 192.168.4.0
Router(config-router)#network 192.168.1.0
Router(config-router)#version 2
Router(config-router)#
```

（2）R2 配置：

```
Router >enable
Router#configure terminal
Router(config)#interface fastEthernet 0/0
Router(config-if)#no shutdown
Router(config-if)#ip address 192.168.2.1 255.255.255.0
Router(config-if)#exit
Router(config)#interface serial 2/0
Router(config-if)#no shutdown
Router(config-if)#ip address 192.168.4.1 255.255.255.0
Router(config-if)#exit
Router(config)#router rip
Router(config-router)#network 192.168.4.0
Router(config-router)#network 192.168.2.0
Router(config-router)#version 2
Router(config-router)#
```

验证方法：PC1、PC2 可以相互通信；使用“show ip router”命令。

3. OSPF 协议与 RIP 混合组网

按照图 12－9 构建 OSPF 协议与 RIP 混合组网实验：4 台 2811 路由器、3 台计算机；OSPF 区域按图 12－9 划分；使用 RIP v2；具体 IP 设置按照图 12－9 中网段自行规划。

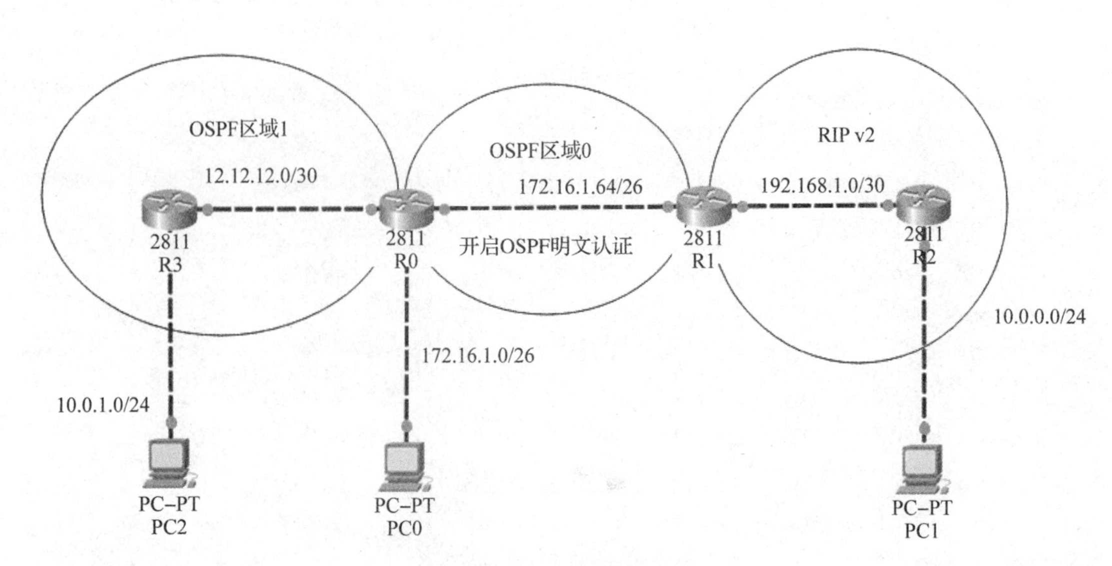

图 12-9　网络拓扑

配置步骤如下。

(1) R0 配置:

```
Switch>enable
Switch#configure terminal
Switch(config)#hostname  R0
Switch(config)#spanning-tree mode pvst  (生成树模式)
Switch(config)#interface FastEthernet0/1
Switch(config-if)# ip address 172.16.1.1 255.255.255.192
Switch(config-if)# duplex auto(双工模式)
Switch(config-if)# speed auto  (协商速率)
Switch(config-if)#no shutdown
Switch(config-if)#exit
Switch(config)#interface FastEthernet0/0
Switch(config-if)#ip address 172.16.1.65 255.255.255.192
Switch(config-if)#ip ospf authentication
Switch(config-if)#ip ospf authentication-key 123 (明文认证,关键字
为 123)
Switch(config-if)# duplex auto
Switch(config-if)#speed auto
Switch(config-if)#no shutdown
Switch(config-if)#exit
Switch(config)#interface Ethernet1/0
Switch(config-if)# ip address 12.12.12.2 255.255.255.252
Switch(config-if)#duplex auto
```

```
Switch(config-if)#speed auto
Switch(config-if)#no shutdown
Switch(config-if)#exit
Switch(config)#router ospf 1
Switch(config-router)#log-adjacency-changes(激活路由协议邻接关系变化表)
Switch(config-router)#network 172.16.1.0 0.0.0.63 area 0
Switch(config-router)# network 172.16.1.64 0.0.0.63 area 0
Switch(config-router)# network 12.12.12.0 0.0.0.3 area 1
Switch(config-router)#end
```

（2）R1 配置：

```
Switch(config)#hostanme  R1
Switch(config)#interface FastEthernet0/0
Switch(config-if)# ip address 172.16.1.66 255.255.255.192
Switch(config-if)#ip ospf authentication
Switch(config-if)# ip ospf authentication-key 123
Switch(config-if)# duplex auto
Switch(config-if)#speed auto
Switch(config-if)#no shutdown
Switch(config-if)#exit
Switch(config)#interface FastEthernet0/1
Switch(config-if)# ip address 192.168.1.1 255.255.255.252
Switch(config-if)#duplex auto
Switch(config-if)#speed auto
Switch(config-if)#no shutdown
Switch(config-if)#exit
Switch(config)#router ospf 1
Switch(config-router)# log-adjacency-changes
Switch(config-router)# redistribute rip subnets
Switch(config-router)#network 172.16.1.64 0.0.0.63 area 0
Switch(config)#router rip
Switch(config-router)#version 2
Switch(config-router)#redistribute ospf 1 metric 1
Switch(config-router)# network 192.168.1.0
Switch(config-router)#no auto-summary
Switch(config-router)#End
```

（3）R2 配置：

```
Switch(config)#hostname R2
Switch(config)#spanning-tree mode pvst
Switch(config)#interface FastEthernet0/0
Switch(config-if)#ip address 192.168.1.2 255.255.255.252
Switch(config-if)#duplex auto
Switch(config-if)#speed auto
Switch(config-if)#no shutdown
Switch(config-if)#exit
Switch(config)#interface FastEthernet0/1
Switch(config-if)#ip address 10.0.0.1 255.255.255.0
Switch(config-if)#duplex auto
Switch(config-if)#speed auto
Switch(config-if)#no shutdown
Switch(config-if)#exit
Switch(config)#router rip
Switch(config-router)#version 2
Switch(config-router)#network 10.0.0.0
Switch(config-router)#network 192.168.1.0
Switch(config-router)#no auto-summary
Switch(config-router)#End
```

（4）R3 配置：

```
Switch(config)#hostname R3
Switch(config)#spanning-tree mode pvst
Switch(config)#interface FastEthernet0/0
Switch(config-if)# ip address 10.0.1.1 255.255.255.0
Switch(config-if)#duplex auto
Switch(config-if)# speed auto
Switch(config-if)#no shutdown
Switch(config-if)#exit
Switch(config)#interface FastEthernet0/1
Switch(config-if)# ip address 12.12.12.1 255.255.255.252
Switch(config-if)#duplex auto
Switch(config-if)#speed auto
Switch(config-if)#no shutdown
Switch(config-if)#exit
```

```
Switch(config)#router ospf 1
Switch(config-router)#log-adjacency-changes
Switch(config-router)#network 10.0.1.0 0.0.0.255 area 1
Switch(config-router)#network 12.12.12.0 0.0.0.3 area 1
Switch(config-router)#End
```

思考与练习

一、填空题

1. 根据数据链路层协议类型，OSPF 协议将网络分为广播类型、NBMA 类型、________、P2MP 类型。

2. OSPF 报文共有 5 种类型：Hello 报文、DBD 报文、________、LSU 报文、LSAck 报文。

3. 动态路由协议按工作原理可以分为________、链路状态协议；按工作范围可以分为内部网关协议、外部网关协议；按路由更新时是否携带子网掩码可以分为有类路由协议、无类路由协议。

4. 路由主要分为：________、静态路由和动态路由。

5. 路由表的组成包括目的网络地址、________、下一跳地址、发送的物理端口、路由信息的来源、路由优先级、________。

二、选择题

1. 路由表的哪些参数属于控制层面？(　　)

A. 目的地址　　B. 下一跳

C. 路由来源　　D. 路由优先级

E. 度量值

2. 属于距离矢量协议的有（　　）。

A. RIP　　B. OSPF 协议　　C. IS-IS 协议　　D. BGP

三、思考题

1. 路由表的构成有哪些？其中哪些是控制层面的？哪些是转发层面的？

2. 总结直连路由、静态路由和默认路由各自的特点。

3. 静态路由有几种配置方式？其应用有何区别？

4. 动态路由协议按照算法如何分类？其代表协议是什么？

5. RIP 是基于哪一层的协议？RIPv1 和 RIPv2 有何区别？

6. OSPF 协议有哪几种报文类型？

7. 对于一个网络是否需要运行 OSPF 协议，可以从哪几个方面考虑？

项目五

网络扩展技术

背景描述

小赵为某公司负责公司内部网络设备的实习员工，由于设备故障等原因，需要重新规划和组建公司网络并解决安全访问等问题，请协助小赵完成此项任务。

学习目标

学习目标 1：掌握企业网的安全访问控制，掌握 ACL 技术配置方法。
学习目标 2：了解 DHCP，掌握 DHCP 服务器的配置及应用。
学习目标 3：掌握 NAT 技术的基本原理及配置方法。

任务分解

任务 13：企业网的安全访问控制——ACL 技术配置及应用
任务 14：DHCP 服务器的配置及应用
任务 15：私有地址网络接入 Internet——NAT 技术配置及应用

任务 13　企业网的安全访问控制——ACL 技术配置及应用

13.1　任务描述

随着公司网络复杂度的增加，部门负责人希望能对公司网络实现一定的访问控制，例如将不同部门的网络隔离开，分支机构只能访问总部的某些特定服务等。为了实现此类需求，小赵准备使用 ACL 技术。

13.2 相关知识

13.2.1 ACL 的概念

ACL 技术原理

随着网络规模不断扩大和网络流量不断增加，网络管理员面临一个问题：如何在保证合法访问的同时拒绝非法访问。这就需要对路由器转发的数据包进行区分，那确认哪些是合法的流量，哪些是非法的流量，通过这种区分对数据包进行过滤，实现有效控制的目的。这可以使用包过滤技术实现，而包过滤技术的核心就是访问控制列表（Access Control List，ACL）。

ACL 是路由器和交换机端口的指令列表，它用于控制端口进出的数据包。ACL 适用于所有路由协议，如 IP、IPX、AppleTalk 等。

信息点间的通信和内外网络间的通信都是企业网络中必不可少的业务需求，为了保证内网的安全性，需要通过安全策略来保障非授权用户只能访问特定的网络资源，从而达到对访问进行控制的目的。简而言之，ACL 可以过滤网络中的流量，这是控制访问的一种网络技术手段。

配置 ACL 后，可以限制网络流量，允许特定设备访问、指定转发特定端口的数据包等。配置 ACL 后，可以禁止局域网内的设备访问外部公共网络，或者只能使用 FTP 服务。ACL 既可以在路由器上配置，也可以在具有 ACL 功能的业务软件上配置。ACL 是物联网中保障系统安全性的重要技术，在设备硬件层面安全的基础上，通过在软件层面对设备间的通信进行访问控制，使用可编程方法指定访问规则，防止非法设备破坏系统安全，非法获取系统数据。

13.2.2 ACL 的作用和功能

1. ACL 的作用

常见的 ACL 应用是将 ACL 应用到端口上。其主要作用是根据数据包与数据段的特征进行判断，决定是否允许数据包通过路由器转发，其主要目的是对数据流量进行管理和控制。

人们还常使用 ACL 实现策略路由和特殊流量的控制。在一个 ACL 中可以包含一条或多条特定类型的 IP 数据包的规则。ACL 可以简单到只包括一条规则，也可以复杂到包括很多条规则，通过多条规则定义与规则匹配的数据分组。

ACL 作为一个通用的数据流量的判别标准还可以和其他技术配合，应用在不同的场合：防火墙、QoS 与队列技术、策略路由、数据速率限制、NAT 等。

2. ACL 在网络或设备中的主要功能

（1）限制网络流量，提高网络性能。

（2）提供对通信流量的控制手段。

（3）提供网络访问的基本安全手段。

（4）在路由器端口处决定哪种类型的通信流量被转发，哪种类型的通信流量被阻塞。

13.2.3 ACL 的分类

目前有 3 种主要的 ACL：标准 ACL、扩展 ACL 及命名 ACL。其他还有标准 MAC ACL、

时间控制 ACL、以太协议 ACL 、IPv6 ACL 等。

标准 ACL 使用 1～99 以及 1 300～1 999 的数字作为表号，扩展 ACL 使用 100～199 以及 2 000～2 699 的数字作为表号。标准 ACL 可以阻止来自某一网络的所有通信流量，或者允许来自某一特定网络的所有通信流量，或者拒绝某一协议簇（比如 IP）的所有通信流量。

扩展 ACL 比标准 ACL 提供了更广泛的控制范围。例如，网络管理员如果希望“允许外来的 Web 通信流量通过，拒绝外来的 FTP 和 Telnet 等通信流量”，那么可以使用扩展 ACL 达到目的，因为标准 ACL 不能控制得这么精确。

标准 ACL 与扩展 ACL 均要使用表号，而在命名 ACL 时使用一个字母或数字组合的字符串来代替前面所使用的数字。通过命名 ACL 可以删除某一条特定的控制条目，这样可以在使用过程中方便地进行修改。在命名 ACL 时，要求路由器的 IOS① 在 11.2 以上的版本，并且不能以同一名字命名多个 ACL，不同类型的 ACL 也不能使用相同的名字。

13.2.4 ACL 的工作原理

在路由器中使用 ACL 时，ACL 必须部署在路由器的某个端口的某个方向上。因此，对于路由器来说存在入口（inbound）和出口（outbound）两个方向。在路由器中从某个端口进入路由器称为入口方向，离开路由器称为出口方向，在同一个路由器的两个端口之间转发数据没有方向的区别。如图 13－1 所示，入口方向指报文从某个端口进入路由器，在进入路由器时进行 ACL 的规则过滤，使符合条件的报文通过；出口方向指报文从路由器的某个端口被转发出去，在转发前进行 ACL 的规则过滤，使符合规则的报文通过。

有时为了网络安全的需要，路由器的同一个端口可同时配置入口和出口两个方向的 ACL，如图 13－2 所示。

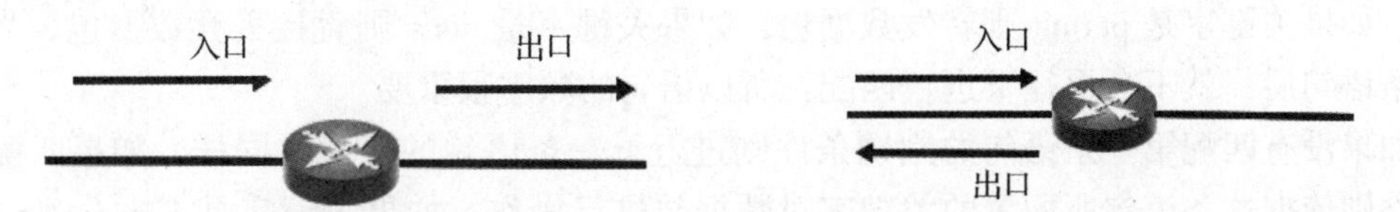

图 13－1 路由器的入口和出口方向　　图13－2 路由器端口的入口和出口方向

ACL 使用包过滤技术，在设备上读取报文的包头信息，如源 IP 地址、目的 IP 地址、源端口、目的端口。根据 ACL 预先定义的规则，设备可以对数据包进行过滤，从而达到访问控制的目的。ACL 由系列访问控制元素（Aecess Control Element，ACE）组成，每个 ACE 对应一条单一的规则，用来匹配种特定类型的分组。通常一组数字或名字标识对应一个 ACE。

ACL 是保证网络安全的最重要的核心策略之一，配置 ACL 后，可以限制网络流量、允许特定的设备访问、指定转发特定端口的数据包等。ACL 既可以被配置在路由器上，也可以被配置在交换机中，还可以被配置在具有 ACL 功能的业务软件上。ACL 涉及的技术也比较广，包括入网访问控制、网络权限控制、目录级控制以及属性控制等多种技术。

1. ACL 的基本工作过程

下面以路由器为例说明 ACL 的基本工作过程。

① IOS 即 Internetworking Operating System－Cisco（思科网络配置系统）。

（1）当 ACL 应用在出端口上时，工作流程如下。

首先数据包进入路由器的端口，根据目的地址查找路由表，找到转发端口（如果路由表中没有相应的路由条目，路由器会直接丢弃此数据包，并给源主机发送目的不可达消息）。确定出端口后需要检查是否在出端口上配置了 ACL，如果没有配置 ACL，路由器将进行与出端口数据链路层协议相同的二层封装，并转发数据。如果在出端口上配置了 ACL，则要根据 ACL 制定的原则对数据包进行判断，如果匹配了某一条 ACL 的判断语句并且这条语句的关键字是 permit，则转发数据包；如果匹配了某一条 ACL 的判断语句并且这条语句的关键字是 deny，则丢弃数据包。

（2）当 ACL 应用在入端口上时，工作流程如下。

当路由器的端口接收到一个数据包时，首先会检查 ACL，如果 ACL 中有拒绝和允许的操作，则被拒绝的数据包将会被丢弃，被允许的数据包进入路由选择状态。对进入路由选择状态的数据再根据路由器的路由表进行路由选择，如果路由表中没有到达目标网络的路由，那么相应的数据包就会被丢弃；如果路由表中存在到达目标网络的路由，则数据包被送到相应的网络端口。

以上是 ACL 的简单工作过程，它简单地说明了数据包经过路由器时，根据 ACL 作相应的动作来判断是被接收还是被丢弃。在安全性很高的配置中，有时还会为每个端口配置自己的 ACL，以对数据进行更详细的判断。

2. ACL 的匹配顺序

每个 ACL 都是多条语句（规则）的集合，当一个数据包要通过 ACL 的检查时首先检查 ACL 中的第一条语句，如果匹配其判别条件则依据这条语句所配置的关键字对数据包进行操作。如果关键字是 permit 则转发数据包，如果关键字是 deny 则直接丢弃数据包。当匹配到一条语句后，就不会再往下进行匹配，所以语句的顺序很重要。

如果没有匹配第一条语句的判别条件则进行下一条语句的匹配，同样，如果匹配其判别条件则依据这条语句所配置的关键字对数据包进行操作。如果关键字是 permit 则转发数据包，如果关键字是 deny 则直接丢弃此数据包。

这样的过程一直进行，一旦数据包匹配了某条语句的判别条件，则根据这条语句所配置的关键字或转发或丢弃数据包。

如果一个数据包没有匹配到 ACL 中的任何一条语句则会被丢弃，因为缺省情况下每个 ACL 在最后都有一条隐含的匹配所有数据包的语句，其关键字是 deny。

以上 ACL 内部的处理过程总的来说就是自上而下，顺序执行，直到找到匹配的语句，然后转发或丢弃数据包。

13.2.5 ACL 的规则

ACL 的规则如下。

（1）ACL 按照自上到下的顺序执行，找到第一个匹配的语句后即执行相应的操作，然后跳出 ACL 而不会继续匹配下面的语句，所以 ACL 中语句的顺序很关键，如果顺序错误则有可能效果与预期完全相反。

配置 ACL 时应该遵循如下原则：①对于扩展 ACL，具体的判别条目应放置在前面；②标准 ACL 可以自动排序：主机、网段、其他。

ACL 内部匹配顺序如图 13－3 所示。

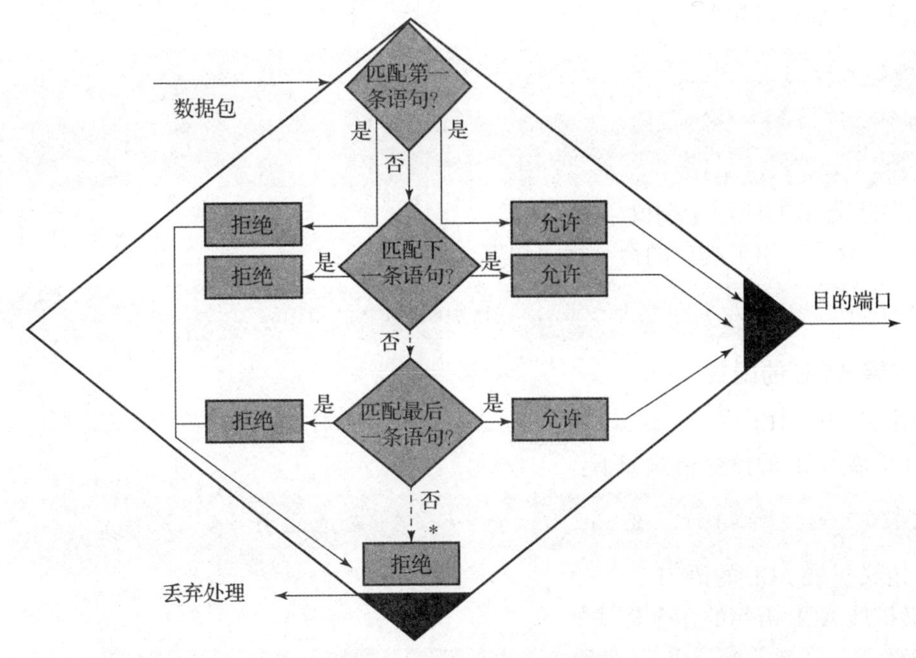

图 13－3 ACL 内部匹配顺序

(2) 末尾隐含关键字为 deny 的匹配全部数据包的语句，这意味着 ACL 中必须有明确的允许数据包通过的语句，否则将没有数据包能够通过。

(3) ACL 可应用于 IP 端口或某种服务。ACL 是一个通用的对数据流进行分类与判别的工具，可以被应用到不同的场合，通常将 ACL 应用于端口或某种服务。

(4) 在应用 ACL 之前，首先要创建 ACL，否则可能出现错误。

(5) 对于一个协议，一个端口的一个方向上同一时间内只能设置一个 ACL，并且 ACL 配置在端口上的方向很重要，如果配置错误可能不起作用。

(6) 如果 ACL 既可以应用于路由器的入口方向，也可以用在出口方向，那么优先选择入口方向。这样可以减少无用的流量对设备资源的消耗。

13.2.6 ACL 的配置

ACL 的配置主要有以下两个步骤。

第一步：配置 ACL（定义 ACL 和 ACL 的语句）；第二步：将 ACL 应用于端口的某个方向。

1. 标准 ACL 的配置

1）定义标准 ACL

定义标准 ACL 的命令格式如下：

```
ZXR10(config)#acl standard(number <acl -number >name <acl -name >)
```

说明：① <acl－umber>表示标准 ACL 号，范围为 1～99，可以使用这个范围内的任意值。② <acl－name>表示标准 ACL 表名，长度不超过 31 个字符。③删除标准 ACL 可使用 "no acl standard {number <acl－number> | name <acl－name>}" 命令。

2）定义标准 ACL 的语句

配置标准 ACL 语句的命令格式如下：

```
ZXR10(config-stand-acl)#rule <rule-no>{permit|deny} {<source>
[<source-wildcard>]
  |any} [time-range <timerange-name>]
```

3）将标准 ACL 应用于端口

将标准 ACL 应用于端口的命令格式如下：

```
ZXR10(config-if)#ip access-group <acl-number> in
```

2. 扩展 ACL 的配置

1）定义扩展 ACL

定义扩展 ACL 的命令格式如下：

```
ZXR10(config)#acl extend {number <acl-number>}
```

2）定义扩展 ACL 的语句

定义扩展 ACL 语句的命令格式如下：

```
ZXR10(config-stand-acl)# rule <rule-no> {permit|deny} {<ip-
number>|ip/icmp/tcp/udp} {<source> <source-wildcard>|any} {<
dest> <dest-wildcard>|any} [{[precedence <pre-value>] [tos <tos-
value>]}|dscp
  <dscp-value>] [time-range <timerange-name>]
```

3）将扩展 ACL 应用于端口

将扩展 ACL 应用于端口的命令格式如下：

```
ZXR10(config-if)# ip access-group <acl-number> in
```

13.3 任务单

任务 13 的任务单见表 13-1。

表 13-1 任务 13 的任务单

项目五	网络扩展技术				
工作任务	任务 13 企业网的安全访问控制——ACL 技术配置及应用			课时	
班级		小组编号		组长姓名	
成员名单					
任务描述	根据实验要求，搭建网络拓扑结构，熟悉 ACL 技术配置及应用				
工具材料	计算机（1 台）、思科模拟器软件				

续表

项目五	网络扩展技术					
工作任务	任务 13　企业网的安全访问控制——ACL 技术配置及应用				课时	
班级		小组编号		组长姓名		
工作内容	(1) 按照网络拓扑结构组建网络； (2) 配置计算机和路由器的 IP 地址； (3) 配置交换机的 IP 地址； (4) 配置路由器的 IP 地址； (5) 配置标准 ACL； (6) 验证结果					
注意事项	(1) 遵守机房的工作和管理制度； (2) 注意用电安全，谨防触电； (3) 各小组固定位置，按任务顺序展开工作； (4) 爱护工具仪器； (5) 按规范操作，防止损坏仪器仪表； (6) 保持环境卫生，不乱扔废弃物					

13.4　任务实施：ACL 技术配置及应用

1. 任务准备

标准 ACL 的配置

4 台计算机通过 1 台交换机相连，再连接路由器与服务器。ACL 要求允许 192. 168. 10. 0/24 和 192. 168. 20. 0/24 网段的计算机访问服务器，拒绝其他网段的计算机访问服务器。

2. 任务实施步骤

(1) 按照图 13 -4 组建网络。

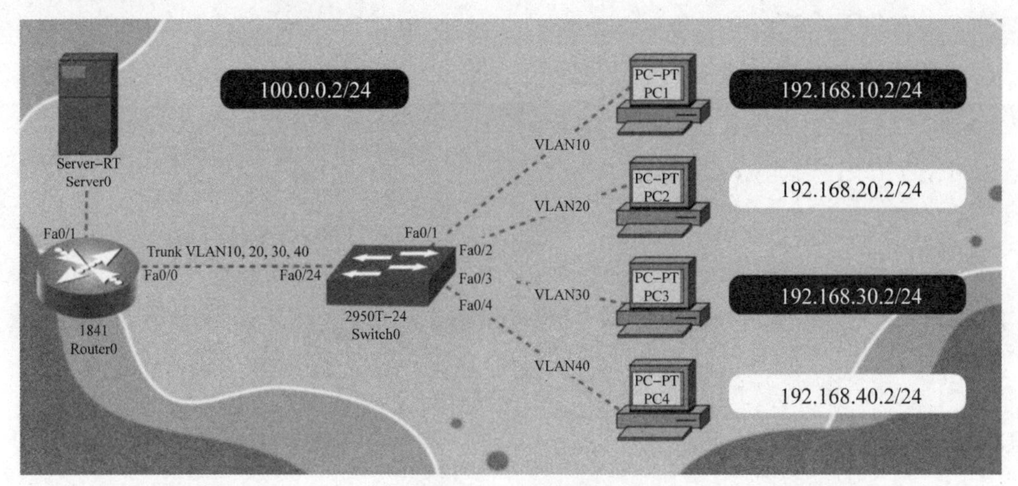

图 13 -4　网络拓扑

（2）配置服务器和计算机的 IP 地址及网关的 IP 地址。

（3）配置交换机。

```
//首先创建 VLAN//
Switch(config)#vlan 10
Switch(config-vlan)#exit
Switch(config)#vlan 20
Switch(config-vlan)#exit
Switch(config)#vlan 30
Switch(config-vlan)#exit
Switch(config)#vlan 40
Switch(config-vlan)#exit
//添加 VLAN 到相关的 Access 或 Trunk 端口//
Switch(config)#interface fastEthernet 0/1
Switch(config-if)#switchport access vlan 10
Switch(config-if)#exit
Switch(config)#interface fastEthernet 0/2
Switch(config-if)#switchport access vlan 20
Switch(config-if)#exit
Switch(config)#interface fastEthernet 0/3
Switch(config-if)#switchport access vlan 30
Switch(config-if)#exit
Switch(config)#interface fastEthernet 0/4
Switch(config-if)#switchport access vlan 40
Switch(config-if)#exit
Switch(config)#
Switch(config)#interface fastEthernet 0/24
Switch(config-if)#switchport mode trunk
Switch(config-if)#switchport trunk allowed vlan 10,20,30,40
Switch(config-if)#exit
```

（4）配置路由器。

```
//路由器端口默认关闭,需要手工开启//
Router(config)#interface fastEthernet 0/0
Router(config-if)#no shutdown
Router(config-if)#exit
Router(config)#interface fastEthernet 0/1
Router(config-if)#no shutdown
Router(config-if)#exit
//配置路由器相关端口的 IP 地址//
Router(config)#interface fastEthernet 0/1
```

```
Router(config-if)#ip address 100.0.0.1 255.255.255.0
Router(config-if)#exit
Router(config)#interface fastEthernet 0/0.10
Router(config-subif)#encapsulation dot1Q 10
Router(config-subif)#ip address 192.168.10.1 255.255.255.0
Router(config-subif)#exit
Router(config)#interface fastEthernet 0/0.20
Router(config-subif)#encapsulation dot1Q 20
Router(config-subif)#ip address 192.168.20.1 255.255.255.0
Router(config-subif)#exit
Router(config)#interface fastEthernet 0/0.30
Router(config-subif)#encapsulation dot1Q 30
Router(config-subif)#ip address 192.168.30.1 255.255.255.0
Router(config-subif)#exit
Router(config)#interface fastEthernet 0/0.40
Router(config-subif)#encapsulation dot1Q 40
Router(config-subif)#ip address 192.168.40.1 255.255.255.0
Router(config-subif)#exit
```

（5）配置标准 ACL。

标准 ACL 的配置包括 3 个步骤，如图 13-5 所示。

图 13-5　标准 ACL 的配置步骤

```
Router(config)#ip access-list standard 1          //定义 ACL
Router(config-std-nacl)#permit 192.168.10.0 0.0.0.255      //配置规则允许 192.168.10.0/24 网段
Router(config-std-nacl)#permit 192.168.20.0 0.0.0.255      //配置规则允许 192.168.20.0/24 网段
Router(config-std-nacl)#exit
Router(config)#interface fastEthernet 0/1
Router(config-if)#ip access-group 1 out      //应用 ACL 到端口出口方向
```

（6）验证结果。

①PC3、PC4 不能 ping 通服务器。

②PC1、PC2 能 ping 通服务器。

③取消 ACL 应用后，PC3、PC4 能够 ping 通服务器。

13.5 任务评价

任务 13 的任务评价见表 13-2。

表 13-2 任务 13 的任务评价

项目五 网络扩展技术							
任务 13 企业网的安全访问控制——ACL 技术配置及应用							
班 级				小组编号			
分数 姓名 / 标准							
责任心	10						
知识点掌握	30						
操作步骤规范	10						
团队协作	10						
结果验证成功	40						

任务 14 DHCP 服务器的配置及应用

14.1 任务描述

公司需要重新规划公司内部的网络，手工配置 IP 地址会影响工作效率和用户体验，特别是在计算机终端比较多的情况下，会增加网络管理员的工作量。因此，为了提高后期维护管理网络的工作效率及用户体验，小赵决定采用 DHCP 为网络中的主机动态分配 IP 地址。

14.2 相关知识

14.2.1 DHCP 概述

1. DHCP 的产生背景

在 IP 网络中，每台终端要想与其他终端进行通信，需要为每个接入终端分配一个 IP 地址，给终端分配 IP 地址的方式有多种，如利用 PPP 的自协商功能、用户自己静态配置、管理员统一分配等。这些配置 IP 地址的方式都有一些这样或那样的缺点，PPP 自协商方式虽然不用用户自己动手操作，但是需要安装专门的客户端软件，而且需要服务器事先配置好用户的账号和密码，否则用户无法上网；用户自己静态配置方式对于熟悉 IP 网络的人来说是一件简单的事情，但对于普通用户来说，不仅难以理解，还需要提防 IP 地址冲突；管理员统一分配方式需要有专人维护、规划整个网络，不仅成本高，而且管理员工作量太大。

更重要的是许多终端启动时不仅需要 IP 地址，还需要动态地获取更多启动配置信息，如无盘工作站 Cable Modem 就需要得到启动配置文件名和 TFTP Server 的 IP 地址等信息，其他一些特殊终端还需要获取其他特殊信息，而这些动态信息是前面几种配置方式无法完成的。基于此，新的主机配置方式应运而生。最早的主机配置方式就是使用 BOOTP（即引导程序协议），它是一种较老的系统引导协议，主要用于无盘工作站启动时从服务器上获取 IP 地址和启动文件名，多与 TFTP 配合使用，后来为了功能的扩展又发展了 DHCP。

2. DHCP 的概念

DHCP（Dynamic Host Configuration Protocol）是动态主机分配协议，用于动态分配 IP 地址。DHCP 能够让网络中的主机从一个 DHCP 服务器上获得一个可以让其正常通信的 IP 地址以及相关的配置信息。DHCP 基于 UDP，分为两个部分：一个是服务器端，另一个是客户端。所有的 IP 网络设定资料都由 DHCP 服务器集中管理，并负责处理户端的 DHCP 要求；客户端则会使用从 DHCP 服务器分配下来的 IP 地址信息。

3. DHCP 的特点

（1）整个 IP 地址分配过程自动实现，在客户端上，除了勾选 DHCP 选项外，无须进行任何 IP 环境设定，降低了终端设备的配置复杂度。

（2）所有 IP 网络参数设定都由 DHCP 服务器统一管理，自动给客户端指定合理的子网掩码、DNS 服务器、缺省网关等参数。

（3）通过对 IP 地址租约期限的管理，实现 IP 地址分时复用。

（4）采用广播方式交互报文。由于在默认情况下路由器不会将收到的广播包从一个子网发送到另一个子网，因此当 DHCP 服务器与客户端不在同一个子网中时，必须使用 DHCP 中继（DHCP Relay）来跨子网段给客户端分配 IP 地址。

（5）安全性较差，DHCP 服务器容易受到攻击。

14.2.2　DHCP 报文

DHCP 报文分为 8 种类型：DHCP DISCOVER、DHCP OFFER、DHCP REQUEST、DHCP ACK、DHCP NAK、DHCP DECLINE 、DHCP RELEASE、DHCP INFORM。DHCP 服务器和 DHCP 客户端通过这 8 种类型的报文进行通信。

（1）DHCP DISCOVER：这是 DHCP 客户端首次登录网络时进行 DHCP 过程的第一个报文，用来寻找 DHCP 服务器。

（2）DHCP OFFER：DHCP 服务器用该报文来响应 DHCP DISCOVER 报文，该报文携带了各种配置信息。

（3）DHCP REQUEST：该报文有以下 3 种用途。①DHCP 客户端初始化后，发送广播的 DHCP REQUEST 报文来回应 DHCP 服务器的 DHCP OFFER 报文。②DHCP 客户端重启初始化后，发送广播的 DHCP REQUEST 报文来确认先前被分配的 IP 地址等配置信息。③当 DHCP 客户端已经和某个 IP 地址绑定后，发送 DHCP REQUEST 报文来延长 IP 地址的租期。

（4）DHCP ACK：该报文是DHCP服务器对DHCP客户端的DHCP REQUEST报文的确认响应报文，DHCP客户端收到该报文后才真正获得了IP地址和相关的配置信息。

（5）DHCP NAK：该报文是DHCP服务器对DHCP客户端的DHCP REQUEST报文的拒绝响应报文。比如DHCP服务器对DHCP客户端分配的IP地址已超过使用租借期限（DHCP服务器没有找到相应的租约记录）或者由于某些原因无法正常分配IP地址，则发送DHCP NAK报文作为应答（客户端移到了另一个新的网络中），通知DHCP客户端无法分配合适的IP地址。DHCP客户端需要重新发送DHCP DISCOVERY报文来申请新的IP地址。

（6）DHCP DECLINE：当DHCP客户端发现DHCP服务器分配给它的IP地址发生冲突时会通过发送该报文来通知DHCP服务器，并且会重新向DHCP服务器申请IP地址。

（7）DHCP RELEASE：DHCP客户端可通过发送该报文主动释放DHCP服务器分配给它的IP地址，当DHCP服务器收到该报文后，可将这个IP地址分配给其他DHCP客户端。

（8）DHCP INFORM：DHCP客户端已经获得了IP地址，发送该报文的目的是从DHCP服务器获得其他网络配置信息，比如网关IP地址、DNS服务器IP地址等。

以上8种类型报文的格式相同，只是某些字段的取值不同。

DHCP是初始化协议，简单地说，就是让终端获取IP地址的协议。既然终端连IP地址都没有，如何能够发出IP报文呢？DHCP服务器给DHCP客户端回送的报文应该怎么封装呢？为了解决这个问题，DHCP报文的封装采取如下措施。

（1）首先，数据链路层的封装必须是广播形式，即让在同一物理子网中的所有主机都能够收到这个报文。在以太网中，就是目的MAC地址为全1。

（2）由于终端没有IP地址，IP头中的源IP地址规定填为0.0.0.0。

（3）当终端发出DHCP REQUEST报文时，它并不知道DHCP服务器的IP地址，因此IP头中的目的IP地址填为子网广播IP——255.255.255.255，以保证DHCP服务器不丢弃这个报文。

（4）上面的措施保证了DHCP服务器能够收到终端的DHCP REQUEST报文，但仅凭数据链路层和IP层信息，DHCP服务器无法区分DHCP报文，因此终端发出的DHCP REQUEST报文的UDP层中源端口为68，目的端口为67，即DHCP服务器通过知名端口号67来判断一个报文是否是DHCP报文。

（5）DHCP服务器发给终端的响应报文会根据DHCP报文中的内容决定是广播形式还是单播形式，一般都是广播形式。广播封装时，数据链路层的封装必须是广播形式，在以太网中，就是目的MAC地址为全1，IP头中的目的IP地址为广播IP——255.255.255.255。单播封装时，数据链路层的封装为单播形式，在以太网中，就是目的MAC地址为终端的网卡MAC地址。IP地址头中的目的IP填为有限的子网广播IP地址——255.255.255.255或者即将分配给用户的IP地址（当终端能够接收这样的IP报文时）。两种封装方式中UDP层都是相同的，源端口号为67，目的端口号为68。终端通过知名端口号68来判断一个报文是否是DHCP服务器的响应报文。

14.2.3 DHCP的基本原理

DHCP的基本原理

1. DHCP的组网方式

DHCP采用客户端/服务器体系结构，DHCP客户端靠发送广播报

文来寻找 DHCP 服务器，即向 IP 地址 255.255.255.255 发送特定的广播信息，DHCP 服务器收到请求后进行响应。路由器在默认情况下是隔离广播域的，对此类报文不予处理。因此，在实际应用中，DHCP 的组网方式分为同网段和不同网段两种

1）DHCP 服务器和 DHCP 客户端在同一个子网中

在此种组网方式中，DHCP 服务器与 DHCP 客户端处于同一个广播域内，由 DHCP 服务器负责为 DHCP 客户端分配 IP 地址和其他参数，如图 14－1 所示

图 14－1　同网段的组网方式

2）DHCP 服务器和 DHCP 客户端不在同一个子网中

当 DHCP 服务器和 DHCP 客户端不在同一个子网中时，充当 DHCP 客户端默认网关的路由器必须将广播包发送到 DHCP 服务器所在的子网，这一功能称为 DHCP 中继，如图 14－2 所示。标准的 DHCP 中继功能相对来说比较简单，只是重新封装、续传 DHCP 报文。

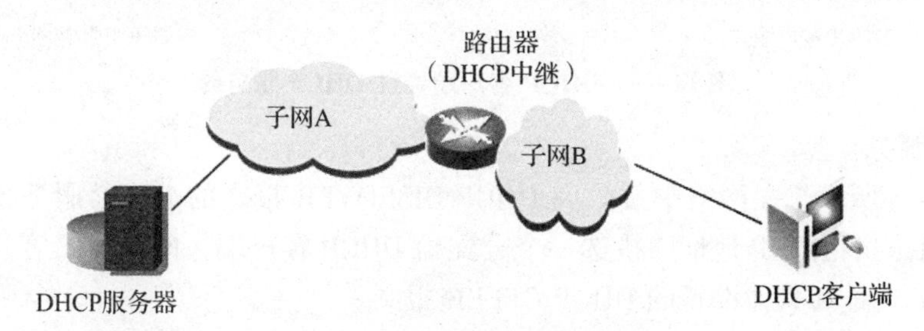

图 14－2　不同网段的组网方式

2. DHCP 服务器的工作方式

DHCP 服务器需要提供给 DHCP 客户端分配 IP 地址和配置相关初始配置信息的功能，也就是通常所说的地址池管理功能，但这却不是 DHCP 本身的工作。除了上述地址池管理功能外，DHCP 服务器的行为完全由 DHCP 客户端驱使，因此其行为相对简单，只需根据收到的 DHCP 客户端的各种请求报文反馈不同的响应报文即可。

当 DHCP 服务器收到 DHCP DISCOVER 报文时，会从地址池中分配一个空闲 IP 地址，并获得 DHCP 客户端请求的参数，构造 DHCP OFFER 报文响应 DHCP 客户端。当 DHCP 服务器收到 DHCP REQUEST 报文时，会根据报文中记录的 DHCP 客户端的硬件地址查找其地址分配表，若找到，则响应 DHCP ACK 报文，DHCP 客户端成功获得 IP 地址和配置信息，否则，响应 DHCP NAK 报文，DHCP 客户端会自动重新开始 DHCP 过程。当 DHCP 服务器收到 DHCP RELEASE 报文时，会解除这个 IP 地址与某个 DHCP 客户端的绑定，回收这个 IP 地址重新分配。当 DHCP 服务器收到 DHCP DECLINE 报文时，会禁用报文中 DHCP 客户端 IP 地址字段的 IP 地址，不再分配这个 IP 地址。

DHCP 服务器是如何知道给 DHCP 客户端分配哪个网段的 IP 地址呢？DHCP 服务器收到 DHCP REQUEST 报文后，将首先查看“giaddr”字段是否为0。如果不为0，则会根据此 IP 地址所在网段从相应的地址池中为 DHCP 客户端分配 IP 地址，并且把响应报文直接单播给这个“中继代理 IP 地址”指定的 IP 地址，也就是 DHCP 中继，而且 UDP 的目的端口号为67，而不是68；如果为0，则 DHCP 服务器认为 DHCP 客户端与自己在同一子网中，将会根据自己的 IP 地址所在网段从相应的地址池中为 DHCP 客户端分配 IP 地址。

3. DHCP 的工作过程

1）DHCP 服务器发现阶段

如图 14－3 所示，DHCP 客户端以广播方式（因为 DHCP 服务器的 IP 地址对于 DHCP 客户端来说是未知的）发送 DHCP DISCOVER 报文来寻找 DHCP 服务器，即向 IP 地址 255.255.255.255 发送特定的广播信息。网络中每一台安装了 TCP/IP 的主机都会接收到这种广播信息，但只有 DHCP 服务器才会做出响应。

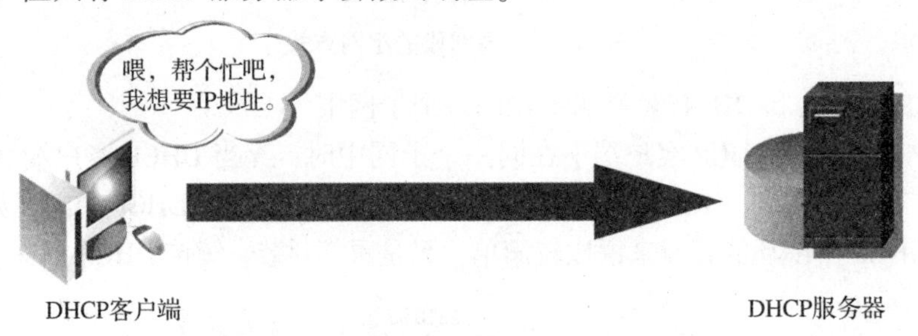

图 14－3　DHCP 客户端寻找 DHCP 服务器

2）提供服务阶段

如图 14－4 所示，在网络中接收到 DHCP DISCOVER 报文的 DHCP 服务器都会做出响应，它们从尚未出租的 IP 地址中挑选一个分配给 DHCP 客户端，向 DHCP 客户端发送一个包含出租的 IP 地址和其他设置的 DHCP OFFER 报文。

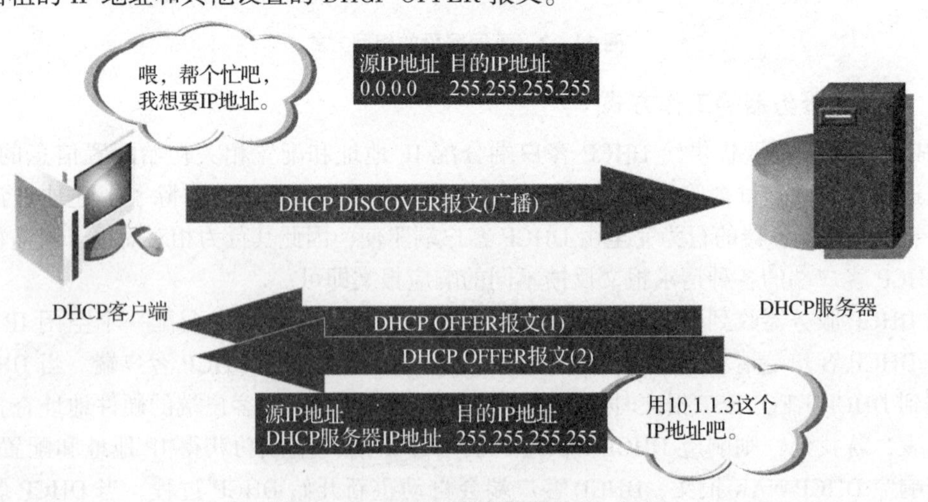

图 14－4　DHCP 服务器提供 IP 地址

3）选择 DHCP 服务器阶段

如果有多台 DHCP 服务器向 DHCP 客户端发来的 DHCP OFFER 报文，则 DHCP 客户端

只接受第一个收到的 DHCP OFFER 报文，然后它就以广播方式回答一个 DHCP REQUEST 报文，该报文中包含向它所选定的 DHCP 服务器请求 IP 地址的内容，如图 14－5 所示。之所以以广播方式回答，是为了通知所有的 DHCP 服务器，它将选择某台 DHCP 服务器所提供的 IP 地址。

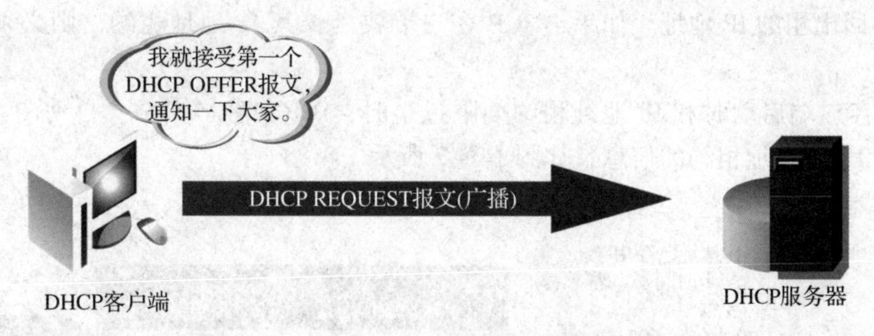

图 14－5　DHCP 客户端选择 DHCP 服务器

4）DHCP 服务器确认阶段

如图 14－6 所示，当 DHCP 服务器收到 DHCP 客户端回答的 DHCP REQUEST 报文之后，它便向 DHCP 客户端发送一个包含它所提供的 IP 地址和其他设置的 DHCP ACK 报文，告诉 DHCP 客户端可以使用它所提供的 IP 地址。然后 DHCP 客户端便将其 TCP/IP 与网卡绑定，另外，除 DHCP 客户端选中的 DHCP 服务器外，其他 DHCP 服务器都将收回曾提供的 IP 地址。

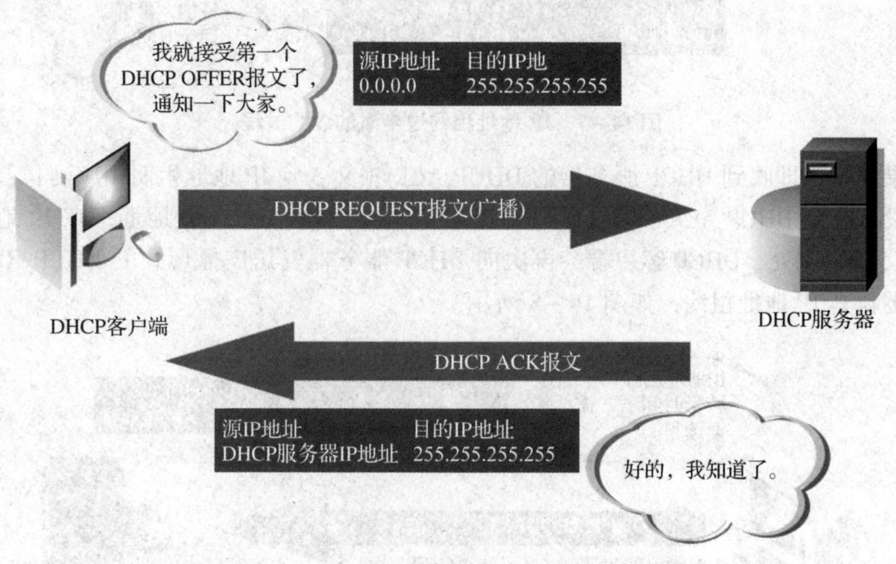

图 14－6　DHCP 服务器确认所提供的 IP 地址

5）重新登录

以后 DHCP 客户端每次重新登录网络时，就不需要再发送 DHCP DISCOVER 报文了，而是直接发送包含前一次所分配的 IP 地址的 DHCP REQUEST 报文。当 DHCP 服务器收到这一报文后，它会尝试让 DHCP 客户端继续使用原来的 IP 地址，并回答一个 DHCP ACK 报文。如果此 IP 地址已无法再分配给原来的 DHCP 客户端使用（比如此 IP 地址已分配给其他 DHCP 客户端使用），则 DHCP 服务器给 DHCP 客户端回答一个 DHCP NACK 报文。当原来的 DHCP 客户端收到此 DHCP NACK 报文后，它就必须重新发送 DHCP DISCOVER 报文来请求新的 IP 地址。

6）更新 IP 地址租约

DHCP 服务器向 DHCP 客户端出租的 IP 地址一般都有一个租借期限，期满后 DHCP 服务器便会收回出租的 IP 地址。如果 DHCP 客户端要延长其 IP 地址租约，则必须更新其 IP 地址租约。

DHCP 客户端启动时和 IP 地址租约期限过半时，DHCP 客户端都会自动向 DHCP 服务器发送更新其 IP 地址租约的信息，如图 14－7 所示。

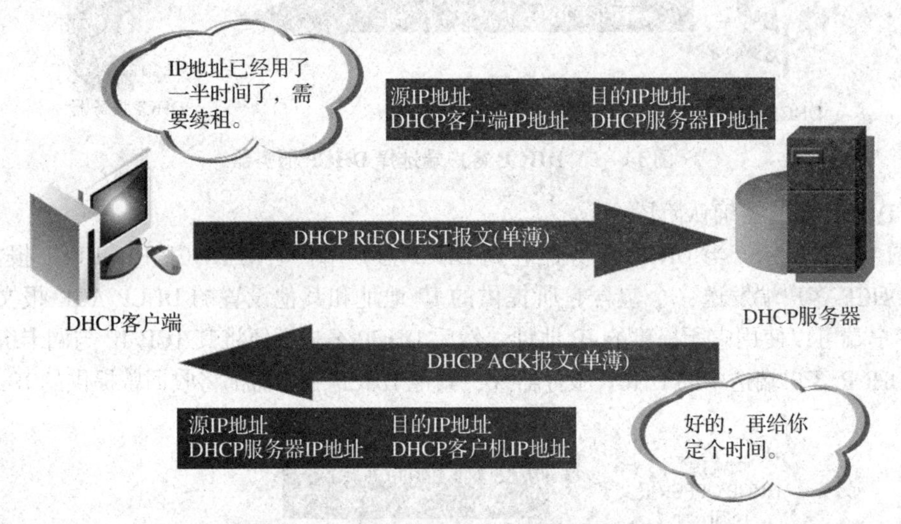

图 14－7　IP 地址租约过半时的续约过程

如果成功，即收到 DHCP 服务器的 DHCP ACK 报文，则 IP 地址租期相应延长；如果失败，即没有收到 DHCP ACK 报文，则 DHCP 客户端继续使用这个 IP 地址。在 IP 地址租期过去 87.5% 时刻处，DHCP 客户端会再次向 DHCP 服务器发送广播形式的 DHCP REQUEST 报文，更新其 IP 地址租约，如图 14－8 所示。

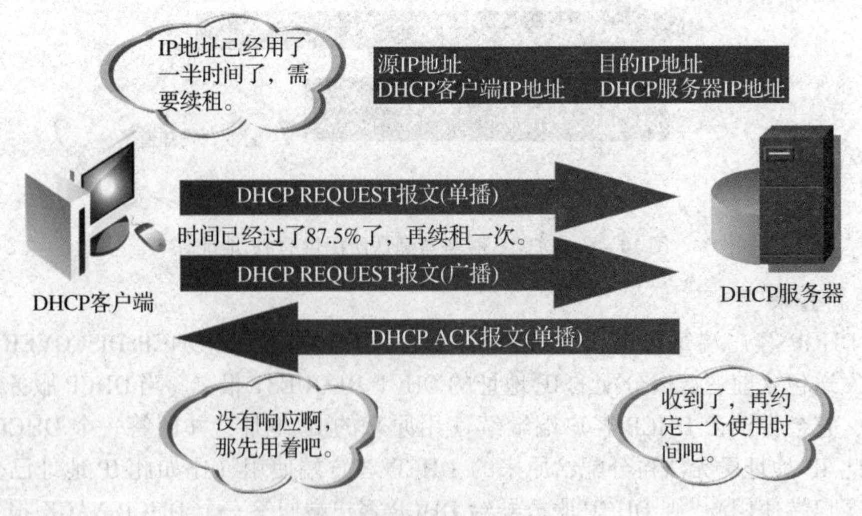

图 14－8　IP 地址租期过去 87.5% 时的续约过程

14.2.4　DHCP 服务器及 DHCP 中继配置

1. DHCP 进程

1）DHCP 服务

```
ZXR10(config)#ip dhcp enable
```

2）配置端口的 DHCP 工作模式

```
ZXR10(config-if)#ipdhcpmode(中继/服务器)说明：server 代表接口工作在服务器模式；relay 代表接口工作在中继模式。
```

2. DHCP 服务器配置

1）配置地址池

```
ZXR10(config)#ip local pool <pool-name> <begin ip_addr> <last_ip addr>
<ip-mask>
```

说明：

（1）<pool-name>：地址池名称。

（2）<begin ip addr：可分配给 DHCP 客户端的起始地址。

（3）<last ip-addr>：可分配给 DHCP 客户端的结束地址。

（4）<ip mask>：子网掩码。

2）配置 DHCP 服务器返回给用户的 DNS 地址

```
ZXR10(config)#ip dhcp server dns <dns-address>[<dns-address>]
```

3）配置用户缺省网关 IP 地址

```
ZXR10(config-if)#ip dhcp server gateway <ip-address>
```

3. 配置 DHCP 中继

1）配置 DHCP 代理地址

```
ZXR10(config-if)#ip dhcp relay <ip-address>
```

2）配置外部 DHCP 服务器的 IP 地址

```
ZXR10(config-if)#ip dhep relay server <ip-address>
```

14.3　任务单

任务 14 的任务单见表 14-1。

表 14-1　任务 14 的任务单

<table>
<tr><td>项目五</td><td colspan="6">网络扩展技术</td></tr>
<tr><td>工作任务</td><td colspan="4">任务 14　DHCP 服务器的配置及应用</td><td>课时</td><td></td></tr>
<tr><td>班级</td><td></td><td>小组编号</td><td></td><td>组长姓名</td><td colspan="2"></td></tr>
<tr><td>成员名单</td><td colspan="6"></td></tr>
<tr><td>任务描述</td><td colspan="6">根据实验要求，搭建网络拓扑结构，熟悉 DHCP 服务器的配置及应用</td></tr>
<tr><td>工具材料</td><td colspan="6">计算机（1 台）、思科模拟器软件</td></tr>
<tr><td>工作内容</td><td colspan="6">（1）按照网络拓扑结构组建网络；
（2）设置 PC 的 IP 配置方式为自动获取；
（3）配置服务器的 IP、DNS、HTTP 相关参数；
（4）配置路由器的 IP 地址；
（5）配置交换机的 VLAN；
（6）在路由器上配置 DHCP 服务器；
（7）验证结果</td></tr>
<tr><td>注意事项</td><td colspan="6">（1）遵守机房的工作和管理制度；
（2）注意用电安全，谨防触电；
（3）各小组固定位置，按任务顺序展开工作；
（4）爱护工具仪器；
（5）按规范操作，防止损坏仪器仪表；
（6）保持环境卫生，不乱扔废弃物</td></tr>
</table>

14.4　任务实施：DHCP 服务器的配置及应用

1. 任务准备

DHCP 服务器的配置

将 3 台计算机配置为自动获取 IP 地址，1 台交换机、1 台路由器、1 台服务器手动设置 IP 地址为 100.0.0.1/24。DHCP 规划：地址池为 192.168.10.0/24，其中 192.168.10.128 ~ 192.168.10.253 保留。

2. 任务实施步骤

（1）按照图 14-9 组建网络。

（2）设置计算机的 IP 配置方式为自动获取，如图 14-10 所示。

（3）配置服务器的 IP、DNS、HTTP 相关参数，如图 14-11 ~ 图 14-13 所示。

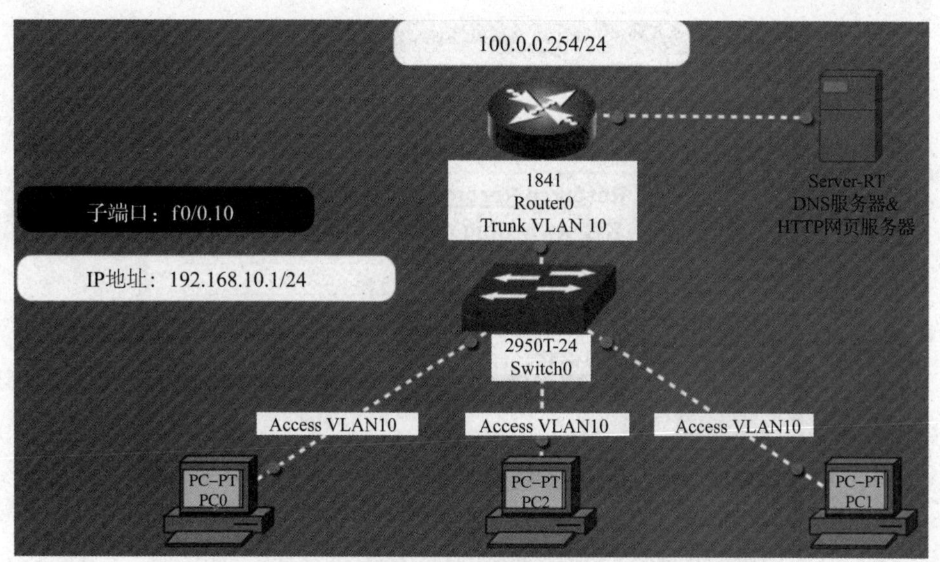

图 14－9　网络拓扑

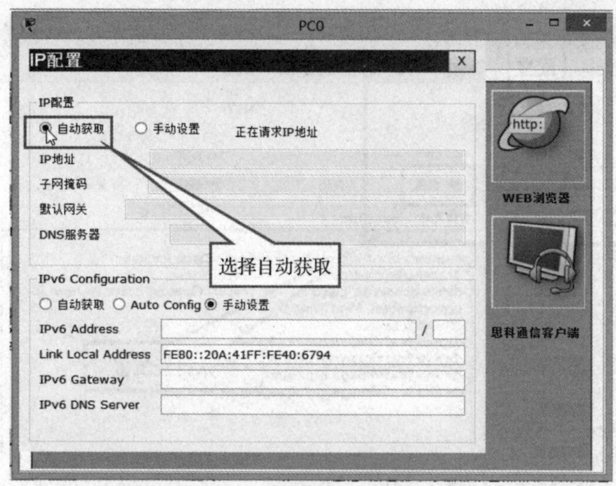

图 14－10　计算机的 IP 配置方式

图 14－11　IP 配置

图 14－12　DNS 配置

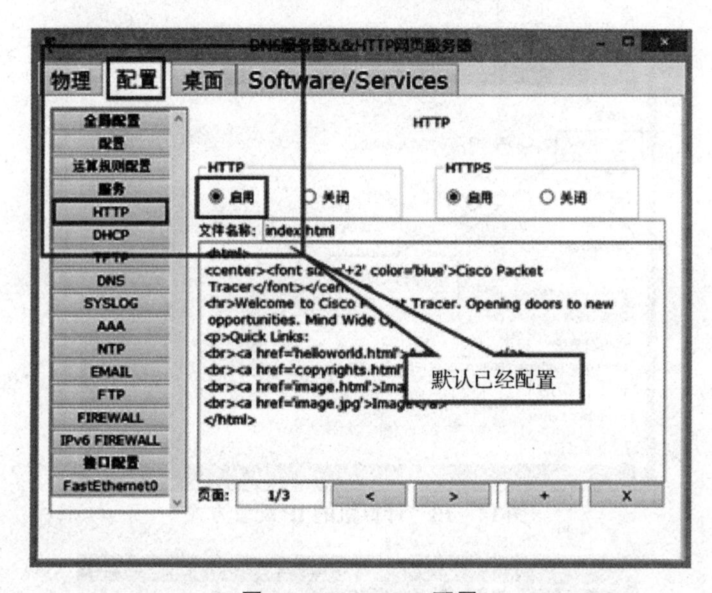

图 14－13　HTTP 配置

（4）配置路由器的 IP 地址。

```
//启用路由器的端口//
Router(config)#interface FastEthernet0/0
Router(config-if)#no shutdown
Router(config-if)#exit
Router(config)#interface FastEthernet0/1
Router(config-if)#no shutdown
Router(config-if)#exit
```

```
//配置路由器的相关端口 IP 地址//
Router(config)#interface FastEthernet0/0.10
Router(config-subif)#encapsulation dot1Q 10
Router(config-subif)#ip address 192.168.10.1 255.255.255.0
Router(config-subif)#exit
Router(config-if)#interface FastEthernet0/1
Router(config-if)#ip address 100.0.0.254 255.255.255.0
```

(5) 配置交换机的 VLAN。

```
//创建 VLAN//
Switch(config)#vlan 10
Switch(config-vlan)#exit
//将 VLAN 以 Access 和 Trunk 方式加入相关端口//
Switch(config)#interface range fastEthernet 0/1-3
Switch(config-if-range)#switchport access vlan 10
Switch(config-if-range)#exit
Switch(config)#interface fastEthernet 0/24
Switch(config-if)#switchport mode trunk
Switch(config-if)#switchport trunk allowed vlan 10
Switch(config-if)#exit
```

(6) 在路由器上配置 DHCP 服务器。

```
Router(config)#ip dhcp pooldhcp-pool-1        //创建名称为 dhcp-pool-1 的地址池
Router(dhcp-config)#network 192.168.10.0 255.255.255.0        //设置地址池关联的 IP 网段(包含网络地址和子网掩码)
Router(dhcp-config)# default-router 192.168.10.1        //设置分配给用户的缺省网关 IP 地址
Router(dhcp-config)# dns-server 100.0.0.1        //设置分配给用户的DNS 服务器 IP 地址
Router(dhcp-config)#exit
Router(config)#ip dhcp excluded-address 192.168.10.128 192.168.10.254
//设置地址池中的保留地址段(起始地址)
```

(7) 验证。

①设置计算机为自动获取 IP 方式后查看是否能正常获取 DHCP 服务器分配的 IP 地址、子网掩码、缺省网关、DNS 服务器等，如图 14-14 所示。

②计算机正常获取 IP 地址后可以在浏览器上输入“www. whjg. com. cn” 查看是否能够正常打开网页，如图 14-15 所示。

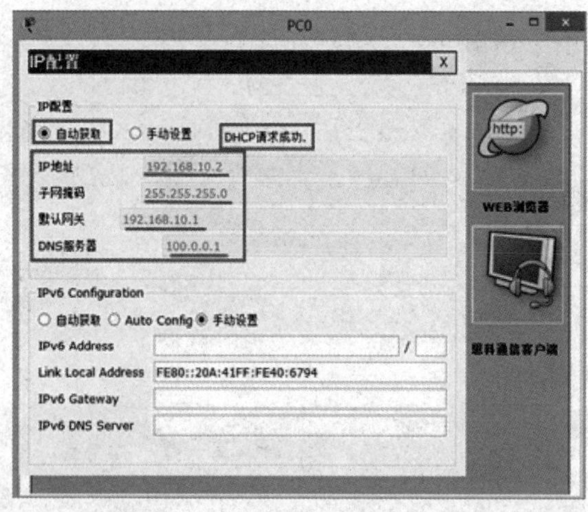

图 14－14　PC 为自动获取 IP

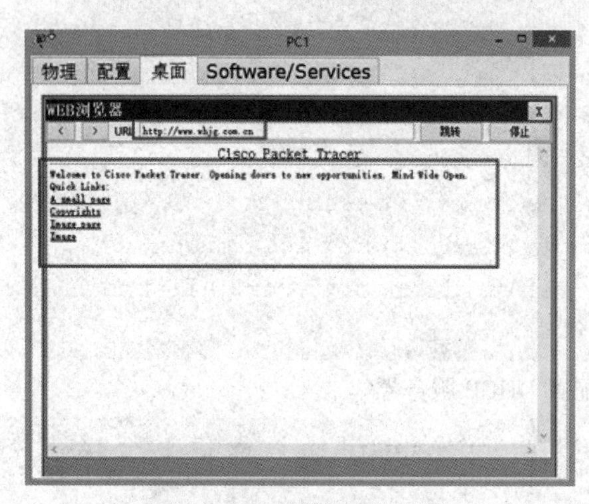

图 14－15　计算机正常上网

14.5　任务评价

项目五　网络扩展技术							
任务 14　DHCP 服务器的配置及应用							
班级				小组编号			
分数 姓名 标准							
责任心	10						
知识点掌握	30						
操作步骤规范	10						
团队协作	10						
结果验证成功	40						

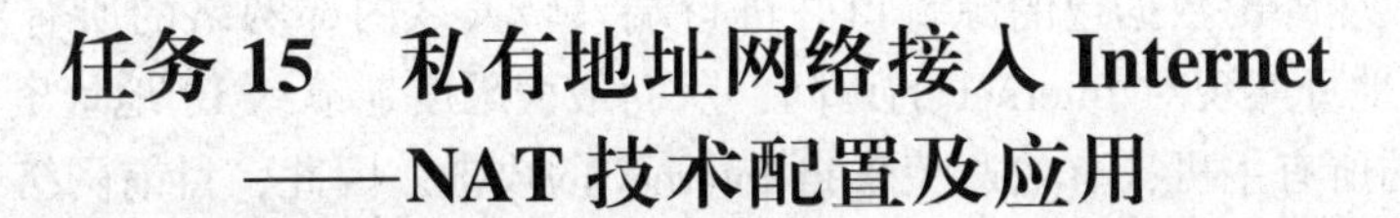

任务15　私有地址网络接入 Internet ——NAT技术配置及应用

15.1　任务描述

公司网络搭建后，需要访问外网。小赵准备申请一条线路用于访问外网。由于企业内部网络地址都是私有地址，因此需要使用网络地址转换（Network Address Translation，NAT）将私有地址转换为外网上的公有地址。

15.2　相关知识

NAT 技术原理

15.2.1　NAT 的概念

NAT 是在 IP 地址日益短缺的情况下提出的。它是一种把内部网络的私有地址翻译成合法的公有 IP 地址的技术。在私有网络内部，使用私有 IP 地址进行通信，当私有网络内部的计算机要与 Internet 进行通信时，在网络出口位置要使用具有 NAT 功能的设备，将私有 IP 地址转换为合法的公有 IP 地址。NAT 即一种将个私有 IP 地址与公有 IP 地址建立起对应关系的技术。

NAT 可以有效节约 Internet 公网 IP 地址，使所有内部主机都可以使用有限的、合法的公有 IP 地址连接到 Internet。NAT 技术还可以有效地隐藏内部局域网中的主机，因此 NAT 同时也是一种有效的网络安全保护技术。NAT 可以按照用户的需要，将内部局域网中的 FIP、www 和 Telnet 等服务提供给外部用户访问。

15.2.2　NAT 的分类

NAT 按其工作方式主要有以下几种分类。

1. 静态转换（网关中含有多个外网 IP 地址）

静态转换是指将内部网络的私有 IP 地址转换为公有 IP 地址时，IP 地址对是一对一的，是一成不变的，某个私有 IP 地址只转换为某个公有 IP 地址。借助静态转换，可以实现外部网络对内部网络中某些特定设备（如服务器）的访问。

2. 动态转换（共享网关中的地址池实现网络地址转换）

动态转换是指将内部网络的私有 IP 地址转换为公有 IP 地址时，IP 地址是不确定的，是随机的，所有被授权访问 Internet 的私有 IP 地址可随机转换为任何指定的合法 IP 地址。也就是说，只要指定哪些内部 IP 地址可以进行转换，以及用哪些合法 IP 地址作为外部 IP 地址时，就可以进行动态转换。动态转换可以使用多个合法外部 IP 地址集。当 ISP 提供的合法 IP 地址略少于网络内部的计算机数量时，可以采用动态转换方式。

3. 端口地址转换（Port Address Translation，PAT）

PAT 是指改变外出数据包的源端口并进行端口转换。内部网络的所有主机均可共享一个合法外部 IP 地址实现对 Internet 的访问，从而最大限度地节约 IP 地址资源，同时，又可隐藏网络内部的所有主机，有效避免来自 Internet 的攻击。因此，目前网络中应用最多的就是端口多路复用方式。

15.2.3 NAT 的特点

NAT 的优点如下：

（1）可以节省公有 IP 地址，缓解 IP 地址资源匮乏的问题；

（2）可以减少和消除 IP 地址冲突发生的可能性；

（3）可以对外界隐藏内部网络结构，维持局域网的私密性。

NAT 的缺点如下：

（1）NAT 会带来额外的延迟；

（2）丧失端到端的 IP 跟踪能力；

（3）某些特定应用可能无法正常工作，如 NAT 对于报文内容中含有有用 IP 地址信息的情况很难处理；

（4）由于 NAT 隐藏了内部主机 IP 地址，因此有时候网络调试会变得复杂。

15.2.4 NAT 的工作原理

NAT 的工作原理是，当私有网主机和公共网主机通信的 IP 包经过 NAT 网关时，将 IP 包中的源 IP 地址或目的 IP 地址在私有 IP 地址和 NAT 的公共 IP 地址之间进行转换。在连接内部网络与外部公网的路由器上，NAT 将内部网络中主机的内部局部 IP 地址转换为合法的可以出现在外部公网上的内部全局 IP 地址来响应外部世界寻址。

（1）内部或外部：它反映了报文的来源。内部局部 IP 地址和内部全局 IP 地址表明报文是来自内部网络。

（2）局部或全局：它表明 IP 地址的可见范围。局部 IP 地址在内部网络中可见，全局 IP 地址则在外部网络中可见。因此，一个内部局部 IP 地址来自内部网络，且只在内部网络中可见，不需要经 NAT 进行转换；内部全局 IP 地址来自内部网络，但却在外部网络中可见，需要经过 NAT 转换。

NAT 工作原理如图 15－1 所示，10.10.1.1 这台主机想要访问公网上的一台主机 167.20.7.2。在 10.10.1.1 主机发送数据的时候源 IP 地址是 10.10.1.1，在通过路由器的时候将源 IP 地址由内部局部 IP 地址 10.10.1.1 转换成内部全局 IP 地址 199.168.2.2 发送出去。从 167.20.7.2 主机上回发的数据包的目的 IP 地址是 10.10.1.1 主机的内部全局 IP 地址 199.168.2.2，在通过路由器向内部网络发送的时候，将目的地址改成内部局部 IP 地址 10.10.1.1。

15.2.5 NAT 的应用

NAT 主要可以实现以下几个功能：数据包伪装、端口转发、负载平衡和透明代理。

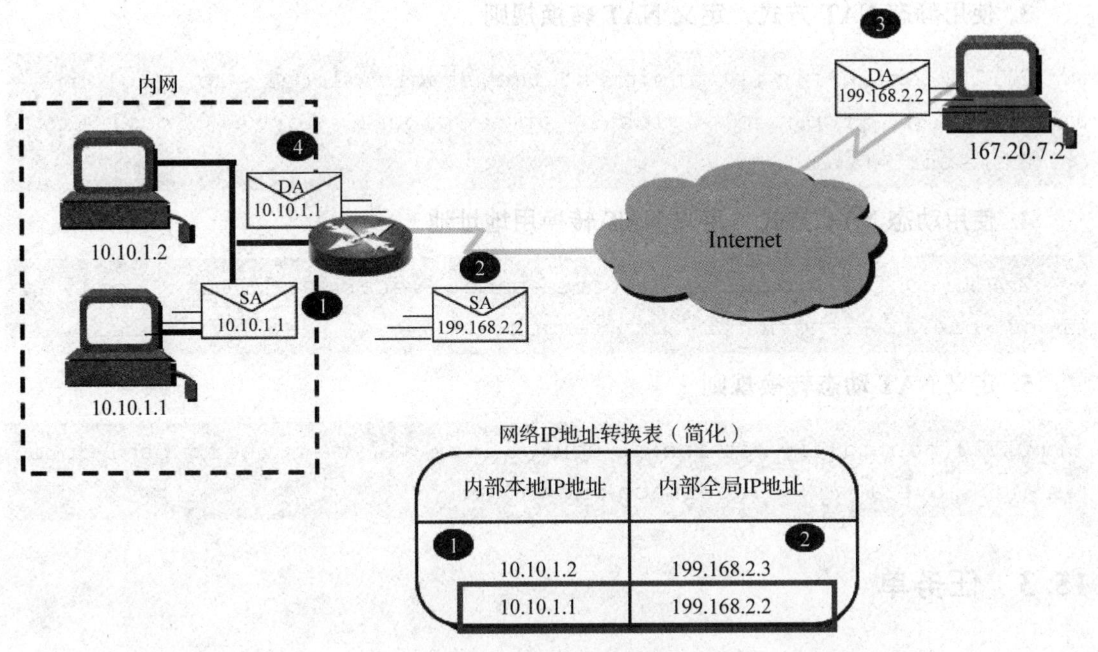

图 15-1　NAT 工作原理

（1）数据伪装：可以将内网数据包中的地址信息更改成统一的对外地址信息，不让内网主机直接暴露在 Internet 上，以保证内网主机安全。同时，该功能也常用来实现共享上网。例如，内网主机访问外网时，为了隐藏内网拓扑结构，使用全局 IP 地址替换私有 IP 地址。

（2）端口转发：当内网主机对外提供服务时，由于使用的是内部私有 IP 地址，外网无法直接访问。因此，需要在网关上进行端口转发，将特定服务的数据包转发给内网主机。例如公司小王职员在自己的服务器上架设了一个 Web 网站，其 IP 地址为 192.168.0.5，使用默认端口 80，现在小王想让局域网外的用户也能直接访问他的 Web 网站。利用 NAT 即可很轻松地解决这个问题，服务器的 IP 地址为 210.59.120.89，那么为小王分配一个端口，例如端口 81，即所有访问 210.59.120.89：81 的请求都自动转向 192.168.0.5：80，而且这个过程对用户来说是透明的。

（3）负载平衡：NAT 可以重定向一些服务器的连接到其他随机选定的服务器。

（4）透明代理：例如自己架设的服务器空间不足，需要将某些链接指向另外一台服务器的空间；或者某台计算机上没有安装 IIS 服务，但是却想让网友访问该台计算机上的内容，这时利用 IIS 的 Web 站点重定向即可轻松实现。

15.2.6　NAT 的配置

1. 启动 NAT 功能

```
ZXR10(config)#ip nat start
```

2. 配置 NAT 的内部和外部接口

```
ZXR10(config)#interface <interface-name>
ZXR10(config-if)#ip nat{inside|outside}
```

3. 使用静态 NAT 方式，定义 NAT 转换规则

```
ZXR10(config)#ip nat inside source{static <local-ip> <global-ip>}|{static {tcp|udp} <global-ip> <global-port> <local-ip> <local-port>}}
```

4. 使用动态 NAT 方式，定义 NAT 转换用地址池

```
ZXR10(config)#ip nat pool <pool-name> <start-address> <end-address> prefix-length <prefix-length>
```

5. 定义 NAT 动态转换规则

```
ZXR10(config)#ip nat inside source list <list-number> pool <pool-name> [overload [<interface-name>]
```

15.3 任务单

任务 15 的任务单见表 15－1。

表 15－1 任务 15 的任务单

项目五	网络扩展技术				
工作任务	任务 15 私有地址网络接入 Internet——NAT 技术配置及应用			学时	
班级		小组编号		组长姓名	
成员名单					
任务描述	根据实验要求，搭建网络拓扑结构，掌握 NAT 技术配置及应用				
工具材料	计算机（1 台）、思科模拟器软件				
工作内容	（1）按照网络拓扑结构，组建网络； （2）设置计算机的 IP 地址配置方式为自动获取； （3）配置服务器的 IP、DNS、HTTP 相关参数； （4）配置路由器的 IP 地址； （5）配置交换机的 VLAN； （6）在路由器上配置 DHCP 服务器； （7）在路由器上配置重载 NAT； （8）验证结果				
注意事项	（1）遵守机房的工作和管理制度； （2）注意用电安全，谨防触电； （3）各小组按任务顺序展开工作； （4）爱护工具仪器； （5）按规范操作，防止损坏仪器设备； （6）保持环境卫生，不乱扔废弃物				

15.4　任务实施：NAT 技术配置及应用

1. 任务准备

将 3 台计算机配置为自动获取 IP 地址，手动设置服务器的 IP 地址为 200. 0. 0. 1/24。DHCP 规划为：地址池：192. 168. 10. 0/24；其中 192. 168. 10. 128 ~ 192. 168. 10. 253 保留；分配给计算机的 DNS 服务器的 IP 地址为 200. 0. 0. 1；分配给计算机的网关的 IP 地址为 192. 168. 10. 1。网页域名为 www. whjg. com. cn，DNS 服务器设置为 www. whjg. com. cn，解析为 200. 0. 0. 1。Router0 配置启用 NAT：公网接口使用 0/1；内部网接口使用 0/0. 10；私网用户 IP 地址段为 192. 168. 10. 0/24。要求 3 台计算机获取私网 IP 地址后均能通过 NAT 方式访问 HTTP 网页服务器。

2. 任务实施步骤

（1）按照图 15 - 2 组建网络。

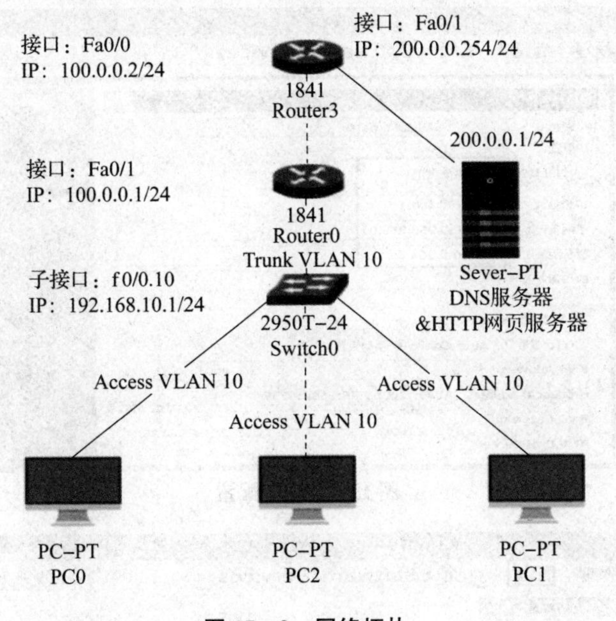

图 15 - 2　网络拓扑

（2）设置计算机的 IP 地址配置方式为自动获取，如图 15 - 3 所示。

（3）配置服务器的 IP、DNS、HTTP 相关参数。

IP 配置如图 15 - 4 所示。

DNS 配置如图 15 - 5 所示。

HTTP 配置如图 15 - 6 所示。

（4）配置路由器的 IP 地址。

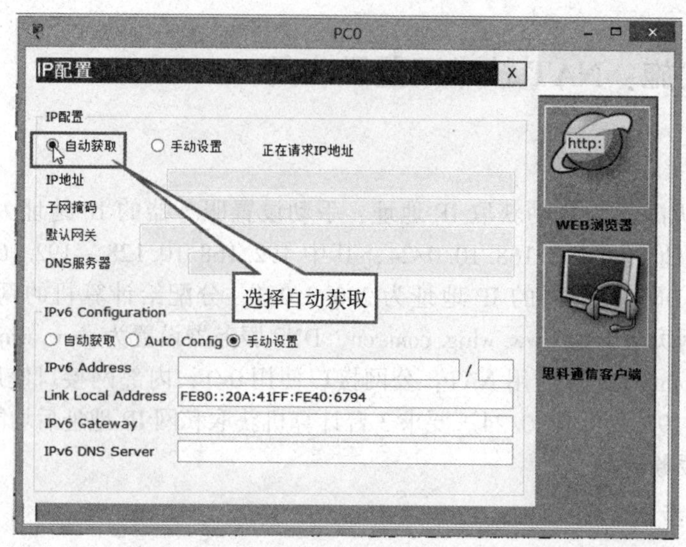

图 15－3　设置计算机的 IP 地址配置方式

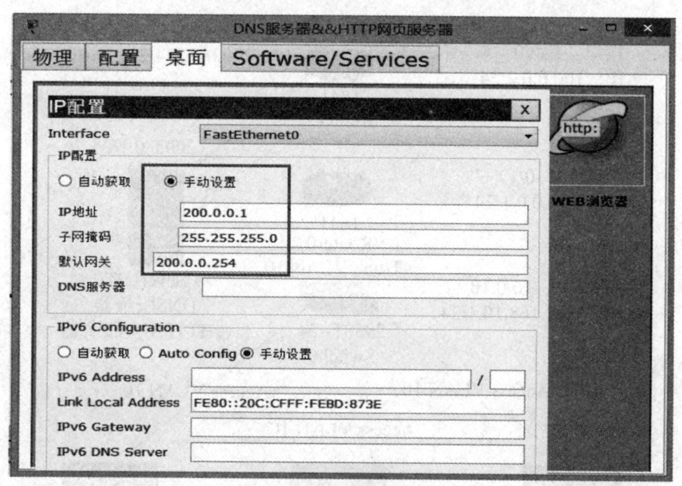

图 15－4　IP 配置

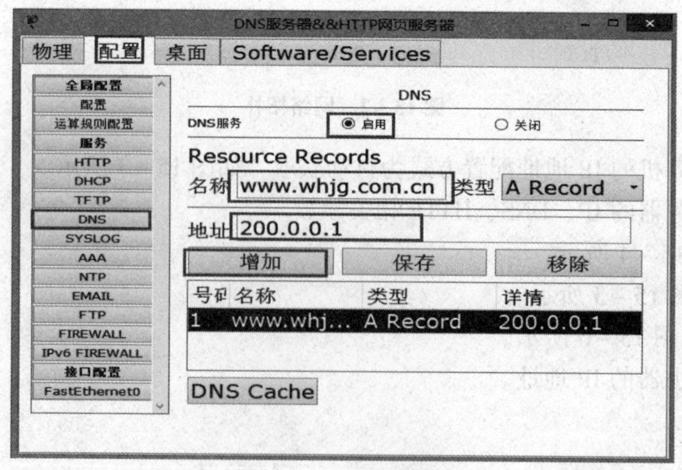

图 15－5　DNS 配置

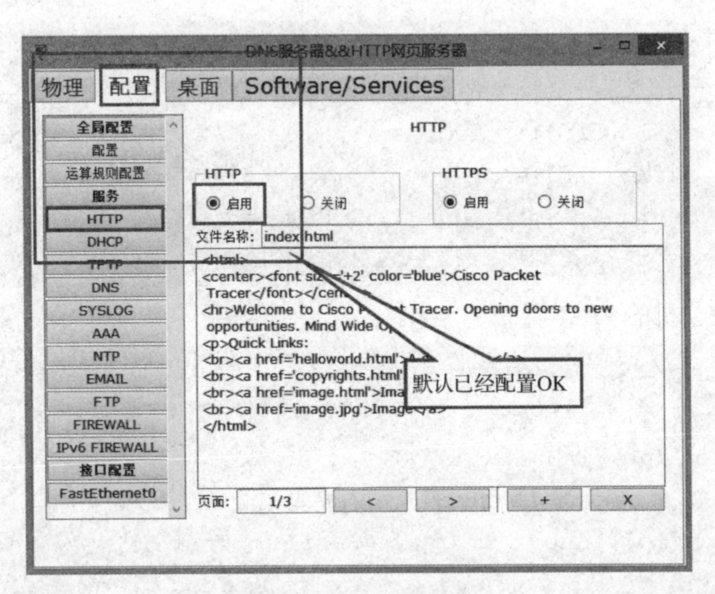

图 15-6　HTTP 配置

Router0 的配置：

```
//启用路由器的接口//
Router(config)#hostrname Router0
Router0(config)#interface range fastEthernet 0/0-1
Router0(config-if-range)#no shutdown
Router0(config-if)#exit
//配置路由器的相关接口 IP 地址//
Router0(config)#interface FastEthernet0/0.10
Router0(config-subif)#encapsulation dot1Q 10
Router0(config-subif)#ip address 192.168.10.1 255.255.255.0
Router0(config-subif)#exit
Router0(config-if)#interface FastEthernet0/1
Router0(config-if)#ip address 100.0.0.1 255.255.255.0
//配置到服务器网段(200.0.0.0/24)的静态路由//
Router0(config)#ip route 0.0.0.0 0.0.0.0 100.0.0.2
```

Router1 的配置：

```
Router(config)#hostrname Router1
Router1(config)#interface range FastEthernet 0/0-1
Router1(config-if-range)#no shutdown
Router1(config-if)#exit
```

```
//配置路由器的相关接口 IP 地址//
Router1(config)#interface FastEthernet0/0
Router1(config-if)#ip address 100.0.0.2 255.255.255.0
Router1(config-if)#exit
Router1(config-if)#interface FastEthernet0/1
Router1(config-if)#ip address 200.0.0.254 255.255.255.0
```

(5) 配置交换机的 VLAN。

```
//创建 VLAN//
Switch(config)#vlan 10
Switch(config-vlan)#exit
//将 VLAN 以 Access 和 Trunk 方式加入相关端口//
Switch(config)#interface range FastEthernet 0/1-3
Switch(config-if-range)#switchport access vlan 10
Switch(config-if-range)#exit
Switch(config)#interface FastEthernet 0/24
Switch(config-if)#switchport mode trunk
Switch(config-if)#switchport trunk allowed vlan 10
Switch(config-if)#exit
```

(6) 在路由器上配置 DHCP 服务器。

```
Router(config)#ip dhcp pooldhcp-pool-1        //创建DHCP名称为 DHCP-POOL-1 的地址池
Router(dhcp-config)#network 192.168.10.0 255.255.255.0        //设置地址池关联的 IP 网段(包含网络地址和子网掩码)
Router(dhcp-config)# default-router 192.168.10.1        //设置分配给用户的缺省网关 IP 地址
Router(dhcp-config)# dns-server 200.0.0.1        //设置分配给用户的DNS 服务器 IP 地址
Router(dhcp-config)#exit
Router(config)#ip dhcp excluded-address 192.168.10.128 192.168.10.254
//设置地址池中的保留地址段(起始地址)
```

(7) 在路由器上配置重载 NAT。

```
Router0(config)#interface FastEthernet 0/0.10
Router0(config-subif)#ip nat inside        //将 FastEthernet 0/0.10 口定义为 nat inside 口
Router0(config-subif)#exit
Router0(config)#interface FastEthernet 0/1
```

```
    Router0(config-if)#ip nat outside        //将 FastEthernet 0/1 口定
义为 nat outside 口
    Router0(config-if)#exit
    Router0(config)#access-list 1 permit 192.168.10.0 0.0.0.255
    Router(config)#ip nat inside source list 1 interface FastEthernet
0/1 overload
    //设置 Inside 口接入的符合 access-list 1 的数据包通过 FastEthernet 0/1
端口 pat。
```

（8）验证结果。

①3 台计算机能够正常获取 DHCP 服务器分配的 IP 地址、子网掩码、缺省网关 IP 地址、DNS 服务器 IP 地址等，如图 15-7 所示。

图 15-7　计算机获取 DHCP 服务器分配的 IP 地址

②3 台计算机能够通过浏览器打开 www. whjg. com. cn，如图 15-8 所示。

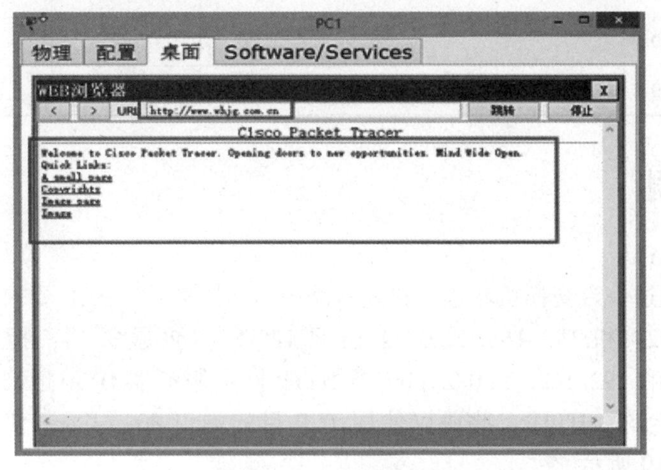

图 15-8　计算机能上网

③在 Router0 上通过"show ip nat translations"和"show ip nat statistics"命令可以查看到地址转换的相关信息如图 5－19 所示。

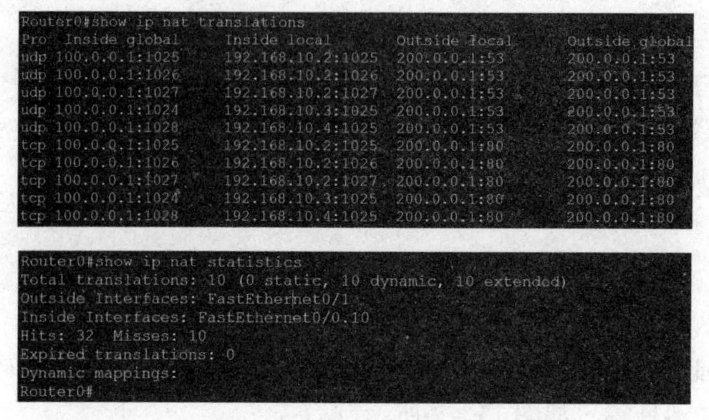

图 15－9 在 Router0 上查看到地址转换的相关信息

15.5 任务评价

任务 15 的任务评价见表 15－2。

表 15－2 任务 15 的任务评价

<table>
<tr><td colspan="8">项目五 网络扩展技术</td></tr>
<tr><td colspan="8">任务 15 私有地址网络接入 Internet——NAT 技术配置及应用</td></tr>
<tr><td colspan="2">班 级</td><td colspan="2"></td><td colspan="2">小组编号</td><td colspan="2"></td></tr>
<tr><td colspan="2">分 数 姓 名
标 准</td><td></td><td></td><td></td><td></td><td></td><td></td></tr>
<tr><td>责任心</td><td>10</td><td></td><td></td><td></td><td></td><td></td><td></td></tr>
<tr><td>知识点掌握</td><td>30</td><td></td><td></td><td></td><td></td><td></td><td></td></tr>
<tr><td>操作步骤规范</td><td>10</td><td></td><td></td><td></td><td></td><td></td><td></td></tr>
<tr><td>团队协作</td><td>10</td><td></td><td></td><td></td><td></td><td></td><td></td></tr>
<tr><td>结果验证成功</td><td>40</td><td></td><td></td><td></td><td></td><td></td><td></td></tr>
</table>

拓展案例

1. 配置扩展 ACL

4 台计算机通过一台交换机相连，再连接路由器与服务器。ACL 要求拒绝 192.168.10.0/24 和 192.168.20.0/24 访问 HTTP 网页服务器，拒绝 192.168.30.0/24 和 192.168.40.0/24ping 通 HTTP 网页服务器 IP 地址，其他所有操作均被允许。HTTP：此协议使用 TCP 目的端口 80；ping：使用 ICMP，如图 15－10 所示。

配置扩展 ACL

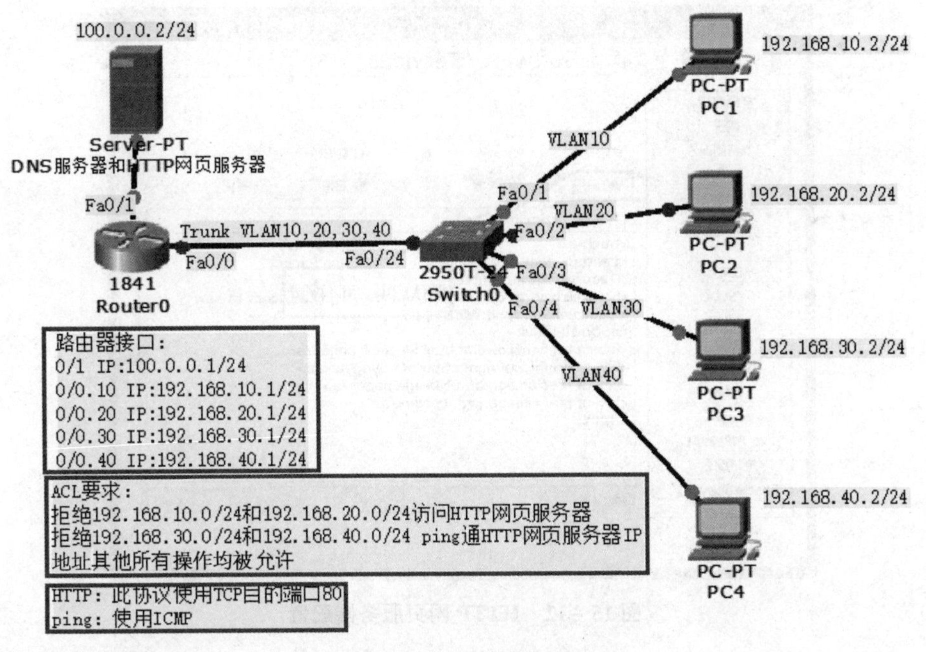

图 15－10　网络拓扑

配置步骤提示如下。

1）配置服务器和计算机的 IP 地址及网关 IP 地址

DNS 服务器配置如图 15－11 所示，HTTP 网页服务器配置如图 15－12 所示。

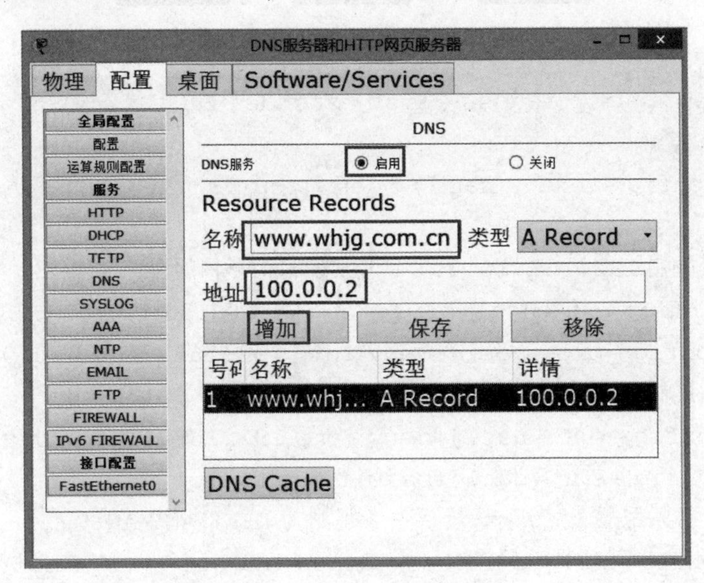

图 15－11　DNS 服务器配置

2）配置交换机

参考任务 13 中对交换机的配置。

3）配置路由器

参考任务 13 中对路由器的配置。

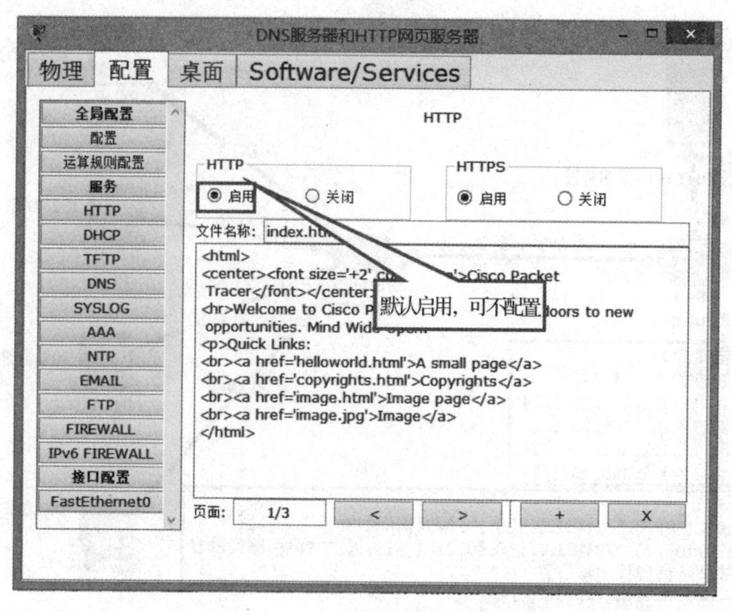

图 15－12　HTTP 网页服务器配置

4）配置扩展 ACL

扩展 ACL 配置包括 3 个步骤，如图 15－13 所示。

图 15－13　扩展 ACL 配置步骤

```
Router(config)#ip access -list extended 100
//定义扩展 ACL
Router(config - ext - nacl)#deny tcp 192.168.10.0 0.0.0.255 any eq 80
//配置规则限制 192.168.10.0/24 网段的 HTTP 网页业务
Router(config -ext -nacl)#deny tcp 192.168.20.0 0.0.0.255 any eq 80
Router(config -ext -nacl)#deny icmp 192.168.30.0 0.0.0.255 any
//配置规则限制 192.168.30/24 网段的 PING
Router(config -ext -nacl)#deny icmp 192.168.40.0 0.0.0.255 any
Router(config -ext -nacl)#permit ip any any
//此条规则必须配置,因为默认最后一条规则为 DENY ANY ANY
Router(config -if)#ip access -group 100 out      //应用 ACL 到接口出入方向
```

5）验证方法

（1）PC－1、PC－2 能 ping 通服务器 IP，但是输入 www. whjg. com. cn 打不开网页。

（2）PC－3、PC－4 不能 ping 通服务器 IP；但是输入 www. whjg. com. cn 能打开网页。

（3）取消 ACL 应用后，PC－1、PC－2、PC－3、PC－4 均能 ping 通服务器 IP，且能打

开网页。

2. 按如下要求完成 DHCP 服务器的配置

（1）RT1 为 DHCP 服务器，为 VLAN10 配置 IP 地址 192.168.10.0/24，为 VLAN2 分配 IP 地址 192.168.20.0/24，为 DNS 服务器配置 IP 地址 8.8.8.8。

（2）在 SW1 上配置 VLAN10 和 VLAN20 的网关，并配置中继服务器的 IP 地址为 RT1 的 loopback 端口。

（3）使部门 A 与部门 B 的用户能访问 RT2。

（4）网络拓扑如图 15-14 所示。

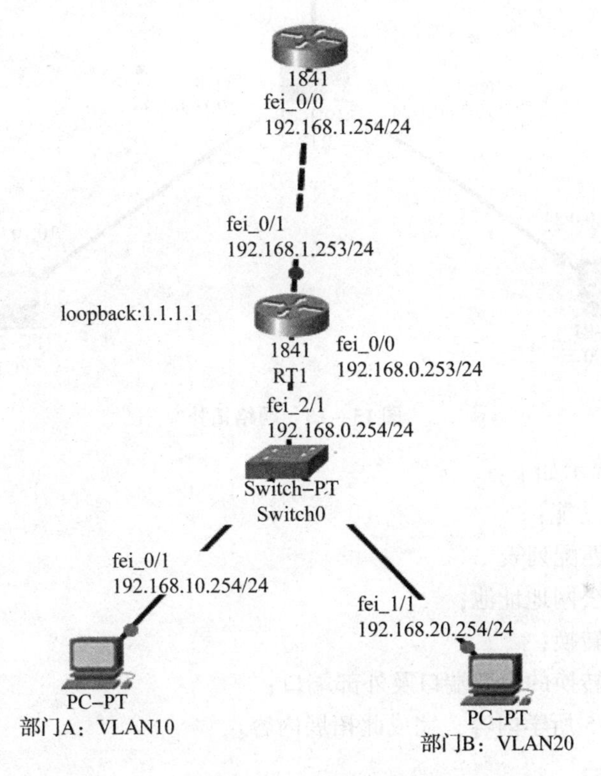

图 15-14　网络拓扑

（5）参考任务 14 所学内容，完成 DHCP 服务器的配置。

3. 完成 NAT 的配置

该组网中，用户都使用私网 IP 地址，必须通过 NAT 转换成公网 IP 地址才能访问公网。私网用户使用的内部网络的 IP 地址是 10.20.0.0/24 网段和 10.10.0.0/24 网段，这些网段的 IP 地址属于私有 IP 地址，可以在一个企业内部（局域网）使用，但是不能访问外网；需要通过 NAT 将这些私有 IP 地址转为公有 IP 地址，才能实现用户对公网的访问；已经指定地址池范围为：200.0.0.1～200.0.0.5，公网 IP 地址的数量只有 5 个，而当前私网用户的数量最多可能达到 508 个，不能实现一对一的地址转换，因此，这时需要进行动态一对多的 NAT 配置。网络拓扑如图 15-15 所示。

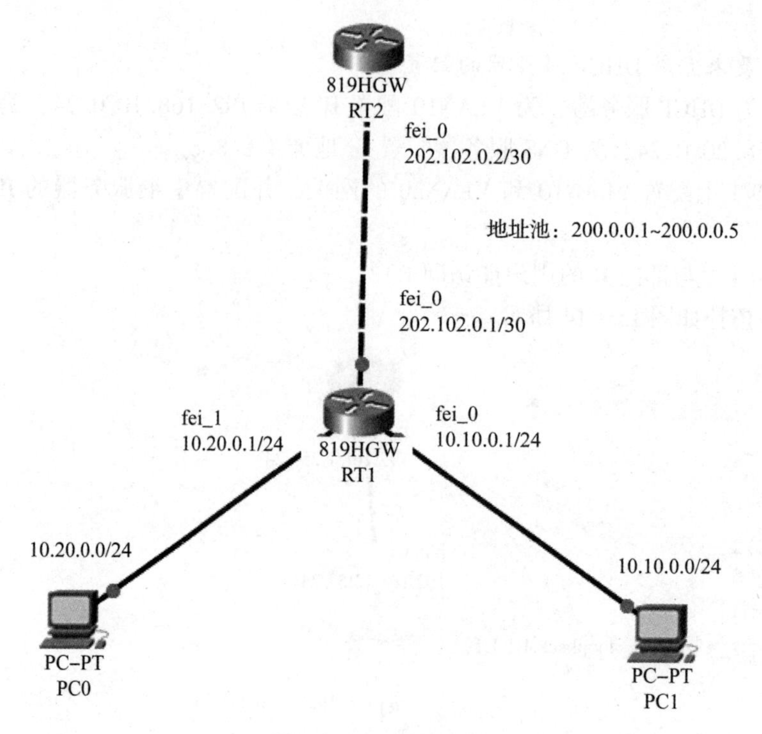

图 15-15　网络拓扑

NAT 配置步骤提示如下：

（1）启用 NAT 功能；

（2）定义 ACL 匹配列表

（3）定义 NAT 公网地址池；

（4）进行 NAT 转换；

（5）指定 NAT 转换的内部端口及外部端口；

（6）参考任务 15 所学内容，完成此拓展内容。

思考与练习

一、填空题

1. NAT 主要可以实现的功能：________、________、负载平衡和透明代理。
2. NAT 按工作方式主要分为静态转换、________、________。
3. DHCP 的组网方式：________、DHCP 服务器和客户端不在同一个子网内。
4. DHCP 报文分为 8 种类型，________、DHCP OFFER、________、DHCP ACK、DHCP NAK、________、DHCP RELEASE、DHCP INFORM。
5. DHCP 是________协议，是用来动态分配 IP 地址的协议。
6. NAT 称为________，它是在 IP 地址日益短缺的情况下提出的。

二、选择题

1. 标准 ACL 的范围是（　　）。

A. 1~99　　　　B. 1~100

C. 100～199　　　　D. 100～200

2. 以下关于 ACL 规则的说法正确的是（　　）。

A. 逐条扫描　　　　B. 匹配退出

C. 隐含拒绝所有　　　　D. 具体明确的放到最后面

3. 以下不是 DHCP 报文的是（　　）。

A. DHCP INFORM　　　　B. DHCP RELEASE

C. DHCP ACK、　　　　D. DHCP OFFER

E. DHCP ABC　　　　F. DHCP NAK

4. 下列属于 NAT 技术的优点的是（　　）。

A. 可以节省公有 IP 地址，缓解 IP 地址资源匮乏的问题。

B. 减少和消除 IP 地址冲突发生的可能性。

C. 对外界隐藏内部网络结构，维持局域网的私密性。

D. 不会延迟

5. 下列属于 NAT 的缺点的是（　　）。

A. NAT 会带来额外的延迟。

B. 丧失端到端的 IP 地址跟踪能力。

C. 某些特定应用可能无法正常工作，如 NAT 对于报文内容中含有有用 IP 地址信息的情况很难处理。

D. 有时网络调试会变得复杂。

6. 下面关于 NAT 的说法正确的是（　　）。

A. NAT 的作用是，当私有网主机和公共网主机通信的 IP 包经过 NAT 网关时，将 IP 包中的源 IP 地址或目的 IP 地址在私有 IP 地址和 NAT 的公共 IP 地址之间进行转换。

B. 内部局部 IP 地址和内部 IP 全局地址表明报文来自内部网络。

C. 局部 IP 地址在内部网络中可见，全局 IP 地址则在外部网络中可见。

D. 一个内部局部 IP 地址来自内部网络，且只在内部网络中可见，不需要经 NAT 进行转换。

三、思考题

1. NAT 技术的优点和缺点分别是什么？

2. NAT 的工作原理是什么？

3. DHCP 的工作过程是什么？

4. DHCP 服务器工作方式是什么？

5. DHCP 的特点的是什么？

6. ACL 如何分类？

7. ACL 的工作机制是什么？

附录 A

部分通信常用专业术语

通信专业术语	定义
1000BASE－T	当前的一种局域网标准，用于在 5 类以上级别双绞线电缆上执行 1 000 Mbit/s 以太网，另请见千兆以太网
100BASE－T	100 Mbit/s 以太网的双绞线版本，需要 5 类以上的双绞线电缆
衰减	信号在通过布线系统时损失的能量
背板	固定在电信机柜壁上的胶合板，用于安装交叉线连接的设备
主干电缆	建筑物各楼层或一个园区内各建筑物之间的连接电缆
均衡转换器	一种用于同轴或双轴电缆设备与双绞线电缆连接的转换器
BNC	一种同轴电缆连接器
3 类	双绞线电缆、连接器和系统性能的一个等级。规定适用于 10 Mbit/s 速率以下的 16 MHz 语音和数据应用
5 类	双绞线电缆、连接器和系统性能的一个等级。规定适用于 155 Mbit/s（或者 1 000 Mbit/s）速率以下的 100 MHz 语音和数据应用
5e 类	又称超 5 类。双绞线电缆、连接器和系统性能的一个等级。规定适用于 1 000 Mbit/s 速率及以下的 100 MHz 语音和数据应用
6 类	双绞线电缆、连接器和系统性能的一个等级。250 MHz 以下带宽的性能规定
信道	整个水平布线系统。计算机与电信柜内的网络交换设备之间的每个连接组件，不包括设备连接
光功率	光在单位时间内所做的功。光功率单位常用毫瓦（mW）和分贝毫瓦（dbmW）表示，两者的关系为：1 mW＝0 dbmW。小于 1 mW 的分贝毫瓦为负值
延迟偏差	电缆或系统中最慢与最快的线对之间的传输延迟差别

附录 B

DSLAM&MSAN&OLT 产品硬件质量标准

DSLAM&MSAN&OLT 产品硬件质量标准 V6.3 总体说明

1. 本标准适用范围

本标准适用于 DSLAM&MSAN&OLT 等产品的安装与维护涉及的合作单位工程质量自检、合作单位工程质量抽检、华为公司工程质量检查、华为公司维护质量检查等。

2. 本标准各条款代码的含义

标准代码由 7 位字母和数字表述，其定义如下。

（1）第 1、2、3 位："FHD" 表示本标准的代号，其含义分别为："F" 指接入网产品，"H" 指硬件质量标准，"D" 指 DSLAM&MSAN&OLT 产品。

（2）第 4、5、6 位：本标准中各条款的分类编号。第 4 位为字母，表示大类编号，按照 "A" "B" "C" 等顺序编写。第 5、6 位为数字，表示该大类下的序号，从 "00" 开始编写。

（3）第 7 位：本标准中各条款的等级，用字母 "A" "B" "C" 分别表示，具体定义如下。

①A 类条款：重要问题。违反该条款，将严重影响设备安全运行，或对人身安全造成致命影响。

②B 类条款：次要问题。违反该条款，将影响设备正常运行，或给设备正常运行埋下隐患，或会对人身安全造成影响。

③C 类条款：轻微问题。违反该条款，不影响设备正常运行，但是将影响今后扩容和维护操作的便利性等。不会对人身安全造成影响。

3. 整改要求

1）违反 A、B 类条款（标准代码的最后一位为 "A" 或 "B"）

所有问题必须整改，否则必须与客户签署备忘录。当经过多方协调客户仍然不同意签署备忘录时，请知会华为公司工程管理相关人员，且必须在对应检查报告中注明以备查。

2）违反 C 类条款（标准代码的最后一位为 "C"）

在客户无明确要求的情况下，针对本次工程产生的无法整改的质量问题可以不整改（必须在自检报告中注明原因以备查），其余必须全部整改。对于本次工程以前的遗留问题，本次工程如果有条件整改时必须整改。

4. 计分规则

采用加分制，即没有任何缺陷时计零分，出现问题时累计加分，分越高表明质量越差。

（1）违反一条A类条款加8分，违反一条B类条款加4分，违反一条C类条款加1分。

（2）以站点（或局点）为单位进行累计测算，即一个站点（或局点）违反多个条款时，将对应的分值进行累计相加，用最后得到的数值表示此站点的质量水平。

（3）一个站点（或局点）含有多个产品时，各产品质量问题累计计算。

（4）对某个区域（含多个站点或局点）而言，可以使用此区域内所有站点得分的平均值来对此区域的工程质量水平进行评价。

5. 标准内容

本次发布的硬件质量标准覆盖产品如下：MA5600T、MA5603T、MA5606T、MA5603U、UA5000、AMG5000、MD5500、MA5100、MA5103、MA5105、MA5605、MA5300、MA5303、MA5600、MA5603。

6. 本标准的解释与生效

本标准的解释权归华为公司。对本标准存在任何疑问，必须向华为公司工程管理相关人员进行咨询和寻求解决，否则由此引起的后果由相关责任人或单位承担。

代码	条款描述	检查方法	分值	备注
一、机架（机箱）安装				
FHDA00B	设备（机箱）安装位置符合工程设计文件要求		4	
FHDA01A	机架（机箱）固定可靠，符合工程设计文件的抗震要求		8	
FHDA02B	公司配置的支架（支脚压板）与地面、地板托与导轨间等处应按规范安装绝缘配件，保证绝缘。客户自制底座安装符合客户要求		4	
FHDA03B	每个支架（支脚）与地面固定的所有膨胀螺栓应正确安装紧固，绝缘垫、大平垫、弹垫、螺母（螺栓）的安装顺序正确，且支架（支脚）的安装孔与膨胀螺栓配合应良好		4	
FHDA04B	支脚的压板应与机柜外缘基本平行，夹角小于10°，且压板正确牢固压在支脚上，并紧螺母应正确安装	有1个并紧螺母时，向机柜底部并紧，有2个并紧螺母时，上、下各一个	4	
FHDA05B	机柜的结构附件安装正确可靠		4	
FHDA06B	机柜的活动附件动作正常	门、门锁等开关顺畅	4	
FHDA07B	机柜其他连接螺栓全部安装正确可靠，平垫、弹垫安装顺序正确		4	

续表

代码	条款描述	检查方法	分值	备注
一、机架（机箱）安装				
FHDA08B	机柜垂直偏差度应小于 3 mm		4	
FHDA09B	主走道侧各行机柜应对齐成直线，误差应小于 5 mm		4	
FHDA10B	整行机架表面应在同一平面上，排列紧密整齐		4	
FHDA11B	机架各部件均不能有油漆脱落、碰伤、污迹等影响设备外观现象，否则应进行补漆、清洁处理		4	
FHDA12B	机架各部件不能出现变形而影响设备外观现象		4	
FHDA13B	单板拔插顺畅，若单板的面板有螺钉则应松紧适度，便于拆卸，弹簧钢丝完好		4	
FHDA14C	防静电手腕插入机柜上的防静电安装孔		1	
FHDA15C	假拉手条及假面板应全部安装		1	
FHDA16B	机柜里面、底部和顶部不应有多余的线扣、螺钉等杂物		4	
FHDA17C	公司配发的机柜行、列标签应粘贴干净、整齐，机柜设计有标签虚框时，应粘贴在虚框内		1	
FHDA18A	室外安装的设备应进行防水、防腐处理		8	
二、信号电缆布放				
FHDB00B	信号电缆走线路由与工程设计文件相符，便于维护扩容		4	
FHDB01A	信号电缆不应有破损、断裂、中间接头		8	
FHDB02A	信号电缆插头干净无损坏，现场制作的插头正确规范，插头连接正确可靠		8	
FHDB03A	信号电缆每线都应做导通测试		8	
FHDB04A	信号电缆不能布放于机柜的散热网孔上		8	
FHDB05B	电缆绑扎应间距均匀，松紧适度，线扣整齐，扎好后应将多余部分齐根剪掉，不留尖刺		4	
FHDB06B	信号电缆在机柜内的走线路由正确	参考安装手册	4	

续表

代码	条款描述	检查方法	分值	备注
二、信号电缆布放				
FHDB07B	机柜外电缆布线： (1) 电缆布放时应理顺，不交叉弯折。 (2) 用槽道时，允许不绑扎，电缆不得溢出槽道。 (3) 用走线梯时，应固定在走线梯横梁上，绑扎整齐，成矩形（单芯电缆可以绑扎成圆形），如果走线架与机柜顶的间距大于 0.8 m 时，应在机架上方架设线梯以减小电缆自重所产生的应力。 (4) 在地板下叠加布放时，最高不能超过防静电地板下净高度的 3/4。 (5) 未使用槽道布放时，应成矩形（单芯电缆可以绑扎成圆形）		4	
FHDB08A	尾纤机柜外布放时，须采取保护措施，如加保护套管或槽道等		8	
FHDB09B	保护套管应进入机柜内部，长度不宜超过 10 cm，且套管应绑扎固定		4	
FHDB10B	尾纤保护套管切口应光滑，否则要用绝缘胶布等做防割处理		4	
FHDB11A	尾纤布放： (1) 布放尾纤时拐弯处不应过紧或相互缠绕，成对尾纤要理顺绑扎，且绑扎力度适宜，不能有扎痕。 (2) 尾纤在线扣环中可自由抽动，不能成直角拐弯。 (3) 布放后不应有其他电缆或物品压在上面		8	
FHDB12C	机柜内的过长尾纤应整齐盘绕于盘纤盒内或绕成直径大于 8 cm 的圈后固定		1	
FHDB13C	用户电缆在 MDF 端卡线去皮后，在去皮处应缠有胶带或套上热缩套管		1	
FHDB14B	信号电缆在走线转弯处应圆滑，与有棱角结构件固定时，建议采取必要的保护措施		4	
FHDB15C	同轴电缆转弯时弯曲半径大于 4 cm		1	
FHDB16A	时钟线按设计正确安装，插接可靠		8	
FHDB17B	信号电缆标签填写正确、粘贴可靠，标签位置整齐、朝向一致，建议标签粘贴在距插头 2 cm 处。标签可根据客户要求统一制作	查看是否符合电缆工程标签规范要求	4	

续表

代码	条款描述	检查方法	分值	备注
二、信号电缆布放				
FHDB18A	尾纤连接点应干净，无灰尘，未使用的光纤头和单板光口应用保护帽（塞）做好保护，若需清洁时应严格按公司要求规范处理		8	
三、终端等安装				
FHDC00B	公司配发的终端、网管、告警箱、逆变器等设备的安装位置应符合工程设计文件要求		4	
FHDC01B	维护终端的外壳应接地： （1）与通信主设备之间网络接口采用 RJ－45 头形式，已实现电气隔离，因此和主设备不要求共地。 （2）与通信主设备之间的网络接口采用非 RJ－45 头形式，要求与主设备共地。 ①接主设备直流保护地或接附近直流保护地排时，应断开交流 PE 线。 ②如附近无直流保护地排，可以接交流 PE 线，但要保证交流 PE 线可靠接地。 ③连接方式可以采用多个设备串接或直接用插线板接地，但保证插线板有可靠的接地线		4	
FHDC02B	终端、网管、告警箱等配套电缆应理顺绑扎、应将线扣多余部分齐根剪掉，不留尖刺		4	
FHDC03B	终端、网管、告警箱等配套电缆等线缆在转弯处应圆滑，以避免接触不良。		4	
FHDC04B	告警箱前盖开、关应顺利，键盘锁有控制作用。箱体面板油漆完好无损		4	
FHDC05B	告警箱电源线及信号线在墙壁处应安装 PVC 线槽，多余的部分建议盘好置于告警箱侧的地板下或走线架上		4	
FHDC06A	公司配发的配线架、蓄电池、告警箱等告警监控系统，连线正确可靠，工作正常	查看配线架上保安单元工作及接地是否良好	8	
FHDC07C	终端、网管、告警箱等按规范粘贴标签，便于维护		1	

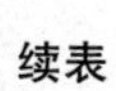

续表

代码	条款描述	检查方法	分值	备注
三、终端等安装				
FHDC08B	告警箱的接地： （1）直流供电告警箱的供电电源应直接从交换设备 -48 V、GND 汇流排上引入，并以此方式实现与交换设备的共地。 （2）交流供电告警箱的金属外壳应就近接到机房的保护接地排上		4	
FHDC09B	网管系统设备安装正确，工作正常		4	
FHDC10B	软驱、光驱、键盘、鼠标、显示器等工作正常，且显示器无偏磁现象		4	
四、电源线、地线、蓄电池、分线盒				
FHDD00B	公司配发分线盒、蓄电池等电源设备安装的位置应符合工程设计文件要求		4	
FHDD01B	电源线、地线等电缆走线路由应与工程设计文件相符，便于维护扩容		4	
FHDD02A	设备的电源线、地线连接正确可靠		8	
FHDD03B	设备电源线、地线及机柜间等电位级连线的线径满足设备配电要求	（1）查看线径是否与公司发货相符。 （2）查看线径是否符合安装手册	4	
FHDD04A	正确安装公司配发防雷箱。防雷箱到设备的交流电源线保留 5 ~ 10 m，多余部分可以盘绕		8	
FHDD05A	电源线、地线一定要采用整段铜芯材料，中间不准许有接头		8	
FHDD06A	地线、电源线连接至分线盒或 PDF 时，余长要剪除，不能盘绕		4	
FHDD07B	并柜机柜间等电位线连接正确可靠		8	
FHDD08A	电源线、地线与信号线分开布放		4	
FHDD09B	机柜外电源线、地线与信号线间距符合设计要求，一般建议间距保持大于 3 cm		4	
FHDD10B	布放的电源线、地线颜色与发货一致，或符合客户要求		4	

续表

代码	条款描述	检查方法	分值	备注
四、电源线、地线、蓄电池、分线盒				
FHDD11B	机柜门地线连接正确可靠		4	
FHDD12B	电源线、地线走线时应平直绑扎整齐		4	
FHDD13B	电源线、地线走线在转弯处应圆滑，与有棱角结构件固定时，应采取必要的保护措施	电源线与走线架弯曲接触处	4	
FHDD14A	电源线及地线压接线鼻时，应焊接或压接牢固		8	
FHDD15B	电源线及地线的线鼻柄和裸线需用套管或绝缘胶布包裹，线鼻、端子处无铜线裸露，平垫、弹垫安装正确		4	
FHDD16B	在一个接线柱上安装两根或两根以上的电线电缆时，一般采取交叉或背靠背安装方式，重叠时建议将线鼻做45°或90°弯处理。重叠安装时应将较大线鼻安装于下方，较小线鼻安装于上方		4	
FHDD17A	配线设备MDF、DDF的保护地线须连接牢固可靠，且相邻架间须互连，就近接入客户的保护地排		8	
FHDD18B	MDF接地线线径：选用截面积≥50 mm^2 的多芯铜导线，对于如远端模块、接入网ONU外置配线架接地线选用截面积≥16 mm^2的多芯铜导线。 DDF接地线线径：选用截面积≥6 mm^2 的多芯铜导线	符合当地标准要求	4	
FHDD19B	设备的FAN、ALARM、风扇等开关电动作正常，风扇工作正常，告警正常		4	
FHDD20B	机架或机箱内具有金属外壳或部分金属外壳的各种设备都应正确可靠接保护地		4	
FHDD21B	一体化机框及盒式交流供电设备： (1) 有直流保护地排时，设备的保护地接直流保护地排。 (2) 在无直流保护地排，且条件不允许埋设接地体的情况下，可以通过交流电源的PE线接地，但应保证交流电源的PE线可靠接地		4	
FHDD22B	电源线、地线电缆标签填写正确、粘贴可靠，标签位置整齐、朝向一致，一般建议标签粘贴在距插头2 cm处。标签可根据客户要求统一制作，包括配电开关标签	查看是否符合电缆工程标签规范要求	4	

续表

代码	条款描述	检查方法	分值	备注
五、其他				
FHDE00B	对于本表中未提及，而有要求的项目： （1）工程设计文件要求； （2）安装手册要求； （3）工前与客户协商的安装要求，如所在区域、国家和客户的标准、规范等	自检报告填写、扣分、上载时间、自检报告的信息与 EPMS 录入信息的一致性等	4	
FHDE01C	机架周围地板空隙应堵上，地板下不应有线扣和螺丝及其他杂物		1	
FHDE02C	机房应干净、整洁，作废的包装箱等杂物应清除。安装剩余的备用物品应整齐合理地堆放		1	
FHDE03C	单板拆包装、插拔符合防静电操作规范		1	
FHDE04C	安装使用工具符合防静电要求		1	
FHDE05B	配发扩容的信号电缆，宜绑扎或插接固定到待扩容机柜内部预留位置，便于今后扩容维护，避免丢失		4	
FHDE06B	未使用的插头应采取保护措施，加保护帽等		4	
FHDE07B	设备上电硬件检查测试正常	查看测量（单板型号、电源参数、电源是否有短路等）	4	
FHDE08B	设备相关告警监控系统正常运行后应无任何告警		4	
FHDE09A	工程施工过程应遵守施工行为、安全生产、电源操作、客户机房等相关规范要求		8	
六、设备安装环境				
FHDF00C	机房应远离强电场、强磁场、强电波、强热源等区域，满足机房电磁要求级别		1	
FHDF01C	机房抗震、防雷及承重满足机房建设要求和设备长期安全运行需要		1	
FHDF02C	交流电源参数符合设备长期安全运行需要，机房交流电源系统应有防雷单元，防雷单元应可靠接地		1	
FHDF03C	用户外线电缆屏蔽层须正确接地		1	

续表

代码	条款描述	检查方法	分值	备注
六、设备安装环境				
FHDF04C	交流电源的交流保护地应可靠与交流保护地排连接，直流电源的直流保护地应可靠与直流保护地排连接，客户提供的GND地排、PGND地排最终须连接在同一个接地体上	符合当地标准要求	1	
FHDF05C	接地阻值： 中国区域：综合楼/汇接局/1万门以上交换局/2千门以上长途局：≤1 Ω；2千门以上1万门以下交换局、2千门以下长途局：≤3 Ω；2千门以下交换局：≤5 Ω；一体化机框和盒式设备≤5 Ω（恶劣条件下≤10 Ω）。 海外区域：符合当地标准要求，一般建议小于10 Ω		1	
FHDF06C	客户方PGND电缆、一次电源的GND电缆、-48 V电缆至PDF或分线盒的线径和供电方式，以工程设计文件及公司发货为准，满足设备运行和扩容要求		1	
FHDF07C	PDF（分线盒）、一次电源输出限流保险应符合设备运行要求		1	
FHDF08C	机房提供的直流供电电压及容量满足设备长期安全运行要求		1	
FHDF09C	室外电缆应避免架空布放入室，否则应做必要的防雷处理		1	
FHDF10C	机房环境温度和相对湿度应满足设备长期安全运行要求		1	
FHDF11C	机房洁净度满足设备长期安全运行要求		1	
FHDF12C	机房应有相应的防火措施		1	
FHDF13C	机房应有相应防静电措施		1	
FHDF14C	机房内和华为设备关联的金属结构件建议进行保护接地		1	
FHDF15C	ODF宜接保护地，光缆内用于增加强度的金属线宜接保护地		1	

附录 C

数通企业网交换机产品硬件质量标准

数通企业网交换机产品硬件质量标准 V1.0 总体说明

1. 本标准适用范围

适用于 S9300、S7700、S5700、S3700、S2700、S5300、S3300、S2300 等交换机产品的安装与维护涉及的合作单位工程质量自检、合作单位工程质量抽检、华为公司工程质量检查、华为公司维护质量检查等。

2. 本标准各条款代码的含义

标准代码由 7 位字母和数字表述，其定义如下。

（1）第 1、2、3 位：“DHS”表示本标准的代号，其含义分别为：“D”指数通产品（或工程），“H”指硬件（或软件）质量标准，“S”指 S9300、S7700、S5700、S3700、S2700、S5300、S3300、S2300 等交换机具体产品（或工程）。

（2）第 4、5、6 位：本标准中各条款的分类编号。第 4 位为字母，表示大类编号，按照“A”“B”“C”等顺序编写。第 5、6 位为数字，表示该大类下的序号，从“00”开始编写。

（3）第 7 位：本标准中各条款的等级，用字母“A”“B”“C”分别表示，具体定义如下。

①A 类条款：重要问题。违反该条款，将严重影响设备安全运行，或对人身安全造成致命影响。

②B 类条款：次要问题。违反该条款，将影响设备正常运行，或给设备正常运行埋下隐患，或对人身安全造成影响。

③C 类条款：轻微问题。违反该条款，不影响设备正常运行，但是将影响今后扩容和维护操作的便利性等。不会对人身安全造成影响。

3. 整改要求

1）违反 A、B 类条款（标准代码的最后一位为“A”或“B”）

所有问题必须整改，否则必须与客户签署备忘录。经过多方协调客户仍然不同意签署备忘录时，请知会华为公司工程管理相关人员，且必须在对应检查报告中注明以备查。

2）违反C类条款（标准代码的最后一位为“C”）

在客户无明确要求的情况下，对于本次工程产生的无法整改的质量问题可以不整改（必须在自检报告中注明原因以备查），其余必须全部整改。对于本次工程以前的遗留问题，本次工程如果有条件整改必须整改。

4. 计分规则

采用加分制，即没有任何缺陷时计零分，出现问题时累计加分，分越高表明质量越差。

（1）违反一条A类条款加8分，违反一条B类条款加4分，违反一条C类条款加1分。

（2）以站点（或局点）为单位进行累计测算，即一个站点（或局点）违反多个条款时，将对应的分值进行累计相加，用最后得到的数值表示此站点的质量水平。

（3）一个站点（或局点）含有多个产品时，各产品质量问题累计计算。

（4）对某个区域（含多个站点或局点）而言，可以使用此区域内所有站点得分的平均值来对此区域的工程质量水平进行评价。

5. 标准内容

本次发布的硬件质量标准主要内容和覆盖产品如下：S9300、S7700、S5700、S3700、S2700、S5300、S3300、S2300……

6. 本标准的解释与生效

本标准的解释权归华为公司。对本标准存在任何疑问时，必须向华为公司工程管理相关人员进行咨询和寻求解决，否则由此引起的后果由相关责任人或单位承担。

代码	条款描述	检查方法	分值	备注
一、机柜（机箱）安装部分				
DHSA00A	机柜（机箱）安装位置符合工程设计文件要求		8	
DHSA01A	机柜（机箱）固定可靠，符合工程设计文件的抗震要求		8	
DHSA02B	公司配发的机柜与地面、机柜与滑道间等处应按规范安装绝缘板，保证绝缘		4	
DHSA03B	机柜与地面固定的所有膨胀螺栓应正确安装紧固，绝缘套、大平垫、弹垫、螺母（螺栓）的安装顺序正确。机柜其他连接螺栓全部安装正确可靠，平垫、弹垫安装顺序正确		4	
DHSA04B	机柜的结构附件安装正确可靠，活动附件动作正常，门、门锁等开关顺畅		4	
DHSA05C	机柜垂直偏差度应小于3 mm，主走道侧各行机柜应对齐成直线，误差应小于5 mm，整行机柜表面应在同一平面上，排列紧密整齐		1	

续表

代码	条款描述	检查方法	分值	备注
一、机柜（机箱）安装部分				
DHSA06A	机柜（机箱）各部件不能出现变形，油漆脱落、碰伤、污迹等		8	
DHSA07A	机箱内单板和部件拔插顺畅，固定用拉手条或者螺钉安装到位		8	
DHSA08B	机柜所有进/出线孔应封闭处理，如采用小盖板，缝隙宽度不大于1个盖板宽度，采用布袋式的袋口应绑扎紧固；采用塑胶件的出线口大小切割应合适。现场也可采取整齐美观、绝缘、阻燃的材料进行可靠封闭		4	
DHSA09C	拔纤器末端扣入机柜方孔条，防静电手腕插入机柜上的防静电安装孔		1	
DHSA10A	假拉手条及假面板应全部安装		8	
DHSA11B	机柜里面、底部和顶部不应有多余的线扣、螺钉等杂物		4	
DHSA12C	公司配发的机柜行、列标签应粘贴干净、整齐，机柜设计有标签虚框时，应粘贴在虚框内		1	
二、信号线缆布放部分				
DHSB00C	信号线缆走线路由与工程设计文件相符，便于维护扩容		1	
DHSB01A	信号线缆不应有破损、断裂、中间接头		8	
DHSB02A	信号线缆插头干净无损坏，现场制作的插头正确规范，插头连接正确可靠		8	
DHSB03A	信号线缆每线都应做导通测试		8	
DHSB04A	信号线缆不能布放于机柜的散热网孔上、机箱的进/出风口处		8	
DHSB05C	线缆的绑扎应间距均匀，松紧适度，线扣整齐，扎好后应将多余部分齐根剪掉，不留尖刺		1	
DHSB06A	信号线缆在机柜内的走线路由正确	参考安装手册	8	

续表

代码	条款描述	检查方法	分值	备注
二、信号线缆布放部分				
DHSB07B	机柜外线缆布线： （1）线缆布放时应理顺，不交叉弯折。 （2）用槽道时，允许不绑扎，线缆不得溢出槽道。 （3）用走线梯时，应固定在走线梯横梁上，绑扎整齐，截面成矩形（单芯线缆可以绑扎成圆形），如果走线架与机柜顶的间距大于0.8 m，应在机柜上方架设线梯以减小线缆自重所产生的应力。 （4）在地板下叠加布放时，最高不能超过防静电地板下净高度的3/4。 （5）未使用槽道布放时，截面应成矩形（单芯线缆可以绑扎成圆形）		4	
DHSB08A	尾纤机柜外布放时，采取保护措施，如须加保护套管或槽道等		8	
DHSB09C	保护套管应进入机柜内部，进入机柜内部的长度不宜超过10 cm，且套管应绑扎固定		1	
DHSB10B	尾纤保护套管切口应光滑，否则要用绝缘胶布等做防割处理		4	
DHSB11B	尾纤布放： （1）布放尾纤时拐弯处不应过紧或相互缠绕，成对尾纤要理顺绑扎，且绑扎力度适宜，不能有扎痕。 （2）尾纤在线扣环中可自由抽动，不能成直角拐弯。 （3）布放后不应有其他线缆或物品压在上面		4	
DHSB12C	机柜内的过长尾纤应整齐盘绕于盘纤盒内或绕成直径大于8 cm的圈后固定		1	
DHSB13B	信号线缆在走线转弯处应圆滑，与有棱角结构件固定时，采取必要的保护措施		4	
DHSB14B	堆叠线缆转弯半径不小于5 cm		4	
DHSB15A	尾纤连接点应干净，无灰尘，未使用的光纤头和单板光口应用保护帽（塞）做好保护，若需清洁应严格按公司要求规范处理		8	
DHSB16B	信号线缆标签填写正确、粘贴可靠，标签位置整齐、朝向一致，标签粘贴在距插头2 cm处。标签可根据客户要求统一制作		4	

续表

代码	条款描述	检查方法	分值	备注
三、终端等安装部分				
DHSC00B	公司配发的终端、逆变器等设备的安装位置符合工程设计文件要求，连接正确可靠		4	
DHSC01C	终端、告警箱等配套线缆应理顺绑扎，应将线扣多余部分齐根剪掉，不留尖刺		1	
DHSC02C	终端等配套线缆在转弯处应圆滑，以避免接触不良		1	
DHSC03C	终端按规范粘贴标签，便于维护		1	
四、电源线、地线、分线盒部分				
DHSD00A	公司配发分线盒等电源设备的安装位置应符合工程设计文件要求		8	
DHSD01B	电源线、地线线缆走线路由应与工程设计文件相符，便于维护扩容		4	
DHSD02A	设备的电源线、地线等连接正确可靠		8	
DHSD03A	设备电源线、地线及机柜间等电位级连线的线径满足设备配电要求	（1）查看线径是否与公司发货相符。 （2）查看线径是否符合安装手册	8	
DHSD04A	电源线、地线一定要采用整段铜芯材料，中间不准许有接头		8	
DHSD05A	地线、电源线连接至分线盒或 PDF 时，余长要剪除，不能盘绕		8	
DHSD06A	并柜时机柜间等电位级连线连接正确可靠，机柜门地线连接正确可靠		8	
DHSD07A	电源线、地线与信号线分开布放。机柜外电源线、地线与信号电缆间距符合设计要求，一般间距大于 3 cm		8	
DHSD08B	布放的电源线、地线颜色与发货一致，或符合客户要求		4	
DHSD09C	电源线、地线走线时应平直绑扎整齐，下走线时，电源线及地线应从机柜侧面下线		1	
DHSD10B	电源线、地线走线在转弯处应圆滑，与有棱角结构件固定时，应采取必要的保护措施		4	

续表

代码	条款描述	检查方法	分值	备注
四、电源线、地线、分线盒部分				
DHSD11A	电源线及地线压接线鼻时，应焊接或压接牢固		8	
DHSD12A	电源线及地线的线鼻柄和裸线需用套管或绝缘胶布包裹，线鼻、端子处无铜线裸露，平垫、弹垫安装正确		8	
DHSD13B	在一个接线柱上安装两根或两根以上的电源线、地线时，一般采取交叉或背靠背安装方式，重叠时建议将线鼻做45°或90°弯处理。重叠安装时应将较大线鼻安装于下方，较小线鼻安装于上方		4	
DHSD14A	设备的开关电动作正常，风扇工作正常，告警正常		8	
DHSD15B	机柜内具有金属外壳或部分金属外壳的各种设备都应正确可靠接保护地		4	
DHSD16A	交流供电设备： （1）有直流保护地排时，设备的保护地接直流保护地排。 （2）在无直流保护地排，且条件不允许埋设接地体的情况下，可以通过交流电源的PE线接地，但应保证交流电源的PE线可靠接地		8	
DHSD17B	电源线、地线线缆标签填写正确、粘贴可靠，标签位置整齐、朝向一致，一般标签粘贴在距插头2 cm处。标签可根据客户要求统一制作，包括配电开关标签		4	
五、其他部分				
DHSE00B	对于本表中未提及，而有考核要求的项目： （1）依据工程设计文件要求。 （2）参考安装手册要求。 （3）与客户协商的安装要求，如所在区域、国家和客户的标准、规范等		4	
DHSE01C	机柜周围地板空隙应堵上，地板下不应有剪下的线扣和螺丝及其他杂物		1	
DHSE02C	机房应干净、整洁，作废的包装箱等杂物应清除。安装剩余的备用物品应整齐合理堆放		1	
DHSE03B	单板拆包装、插拔符合防静电操作规范		4	

续表

代码	条款描述	检查方法	分值	备注
五、其他部分				
DHSE04C	配发扩容的信号线缆，宜绑扎或插接固定到待扩容机柜内部预留位置，便于今后扩容维护，避免丢失		1	
DHSE05B	未使用的插头应采取保护措施，加保护帽等		4	
DHSE06B	设备上电硬件检查测试正常，应无任何告警	查看测量（单板型号、电源参数、电源是否有短路等）	4	
DHSE07B	工程施工过程应遵守施工行为、安全生产、电源操作、客户机房等相关规范要求		4	
六、设备安装环境部分				
DHSF00C	机房应远离强电场、强磁场、强电波、强热源等区域，满足机房电磁要求级别		1	
DHSF01C	机房抗震、防雷及承重满足机房建设要求和设备长期安全运行需要		1	
DHSF02B	交流电源参数符合设备长期安全运行需要，机房交流电源系统应有防雷单元，防雷单元应可靠接地		4	
DHSF03B	交流电源的交流保护地应可靠与交流保护地排连接，直流电源的直流保护地应可靠与直流保护地排连接，客户提供的 GND 地排、PGND 地排最终须连接在同一个接地体上		4	
DHSF04B	接地阻值： 中国区域：综合通信局点的接地电阻≤1 Ω，普通通信局点的接地电阻≤5 Ω 。 海外区域：符合当地标准，一般小于 10 Ω		4	
DHSF05B	客户方 PGND 线缆、一次电源的 GND 线缆、－48 V 线缆至 PDF 或分线盒的线径和供电方式，以工程设计文件及公司发货为准，满足设备运行和扩容要求		4	
DHSF06B	PDF（分线盒）、一次电源输出限流保险应符合设备运行要求		4	
DHSF07B	机房提供的直流供电电压及容量满足设备长期安全运行要求		4	

续表

代码	条款描述	检查方法	分值	备注
六、设备安装环境部分				
DHSF08C	室外线缆应避免架空布放入室，否则应做必要的防雷处理		1	
DHSF09B	机房环境温度和相对湿度应满足设备长期安全运行要求		4	
DHSF10B	机房洁净度应满足设备长期安全运行要求		4	
DHSF11C	机房应有相应的防火措施		1	
DHSF12C	机房应有相应的防静电措施		1	
DHSF13C	机房内和华为设备相关联的金属结构件建议进行保护接地		1	

附录 D

NE 和 CX 系列路由器及网络安全产品硬件质量标准

NE 和 CX 系列路由器及网络安全产品硬件质量标准 V6.1 总体说明

1. 本标准适用范围

适用于 NE 系列和 CX 系列路由器、网络安全 Eudemon 防火墙和 SIG 产品的安装与维护涉及的合作单位工程质量自检、合作单位工程质量抽检以及华为公司工程质量检查、华为公司维护质量检查等。

2. 本标准各条款代码的含义

标准代码由 7 位字母和数字表述，其定义如下。

（1）第 1、2、3 位：“DHD” 表示本标准的代号，其含义分别为：“D” 指数通产品，“H” 指硬件质量标准，“D” 指 NE 和 CX 系列产品、网络安全产品等。

（2）第 4、5、6 位：本标准中各条款的分类编号。第 4 位为字母，表示大类编号，按照 “A”“B”“C” 等顺序编写。第 5、6 位为数字，表示该大类下的序号，从 “00” 开始编写。

（3）第 7 位：本标准中各条款的等级，用字母 “A”“B”“C” 分别表示，具体定义如下。

①A 类条款：重要问题。违反该条款，将严重影响设备安全运行，或对人身安全造成致命影响。

②B 类条款：次要问题。违反该条款，将影响设备正常运行，或给设备正常运行埋下隐患，或会对人身安全造成影响。

③C 类条款：轻微问题。违反该条款，不影响设备正常运行，但是将影响今后扩容和维护操作的便利性等。不会对人身安全造成影响。

3. 整改要求

1）违反 A、B 类条款（标准代码的最后一位为 “A” 或 “B”）

所有问题必须整改，否则必须与客户签署备忘录。经过多方协调客户仍然不同意签署备忘录时，请知会华为公司工程管理相关人员，且必须在对应检查报告中注明以备查。

2）违反 C 类条款（标准代码的最后一位为 “C”）

在客户无明确要求的情况下，对于本次工程产生的无法整改的质量问题可以不整改（必须在自检报告中注明原因以备查），其余必须全部整改。对于本次工程以前的遗留问题，本次工程如果有条件整改时必须整改。

4. 计分规则

采用加分制，即没有任何缺陷时计零分，出现问题时累计加分，分越高表明质量越差。

（1）违反一条A类条款加8分，违反一条B类条款加4分，违反一条C类条款加1分。

（2）以站点（或局点）为单位进行累计测算，即一个站点（或局点）违反多个条款时，将对应的分值进行累计相加，用最后得到的数值表示此站点的质量水平。

（3）一个站点（或局点）含有多个产品时，各产品质量问题累计计算。

（4）对某个区域（含多个站点或局点）而言，可以使用此区域内所有站点得分的平均值来对此区域的工程质量水平进行评价。

5. 标准内容

本次发布的硬件质量标准主要内容和覆盖产品如下：所有NE系列路由器和CX系列路由器产品（包括NE－X系列和CX－X系列新整机）以及Eudemon防火墙、SIG安全产品。

6. 本标准的解释与生效

本标准的解释权归华为公司。对本标准存在任何疑问，必须向华为公司工程管理相关人员进行咨询和寻求解决，否则由此引起的后果由相关责任人或单位承担。

代码	条款描述	检查方法	分值	备注
一、主设备（机柜机箱、单板等）部分				
DHDA00B	设备（机箱）安装位置符合工程设计文件要求		4	
DHDA01A	机架（机箱）固定可靠，符合工程设计文件的抗震要求		8	
DHDA02B	公司配发的支架（支脚压板）与地面、地板托与导轨间等处应按规范安装绝缘配件，保证绝缘。客户自制底座安装符合客户要求		4	
DHDA03B	每个支架（支脚）与地面固定的所有膨胀螺栓应正确安装紧固，绝缘垫、大平垫、弹垫、螺母（螺栓）的安装顺序正确，且支架（支脚）的安装孔与膨胀螺栓配合应良好		4	
DHDA04B	支脚的压板应与机柜外缘基本平行，夹角小于10°，且压板正确牢固地压在支脚上，并紧螺母应正确安装	有1个并紧螺母时，向机柜底部并紧，有2个并紧螺母时，上、下各一个	4	
DHDA05B	机柜的结构附件安装正确可靠		4	

续表

代码	条款描述	检查方法	分值	备注
一、主设备（机柜机箱、单板等）部分				
DHDA06B	机柜的活动附件动作正常	门、门锁等开关顺畅	4	
DHDA07B	机柜其他连接螺栓全部安装正确可靠，平垫、弹垫安装顺序正确		4	
DHDA08B	机柜垂直偏差度应小于 3 mm		4	
DHDA09B	主走道侧各行机柜应对齐成直线，误差应小于 5 mm		4	
DHDA10B	整行机架表面应在同一平面上，排列紧密整齐		4	
DHDA11B	机架各部件均不能有油漆脱落、碰伤、污迹等影响设备外观的现象，否则应进行补漆、清洁处理		4	
DHDA12B	机架各部件不能出现变形而影响设备外观的现象		4	
DHDA13B	单板拔插顺畅，若单板的面板有螺钉则应松紧适度，便于拆卸，弹簧钢丝完好		4	
DHDA14B	机柜所有进/出线孔应封闭处理，如采用小盖板，缝隙宽度不大于 1 个盖板宽度，采用布袋式的袋口应绑扎紧固；采用塑胶件的出线口大小切割应合适。现场也可采取整齐美观、绝缘、阻燃的材料进行可靠封闭		4	
DHDA15C	防静电手腕插入机柜上的防静电安装孔		1	
DHDA16B	假拉手条及假面板应全部安装	根据公司发货	4	
DHDA17B	机柜里面、底部和顶部不应有多余的线扣、螺钉等杂物	包括 DDF 端子处	4	
DHDA18C	公司配发的机柜行、列标签应粘贴干净、整齐，机柜设计有标签虚框时，应粘贴在虚框内		1	
二、信号电缆部分				
DHDB00B	信号电缆走线路由与工程设计文件相符，便于维护扩容		4	

续表

代码	条款描述	检查方法	分值	备注
二、信号电缆部分				
DHDB01B	信号电缆不应有破损、断裂、中间接头		4	
DHDB02B	信号电缆插头干净无损坏，现场制作的插头正确规范，插头连接正确可靠		4	
DHDB03B	信号电缆每线都应做导通测试		4	
DHDB04A	信号电缆不能布放于机柜的散热网孔上		8	
DHDB05B	电缆的绑扎应间距均匀，松紧适度，线扣整齐，扎好后应将多余部分齐根剪掉，不留尖刺		4	
DHDB06B	信号电缆在机柜内的走线路由正确	参考安装手册	4	
DHDB07B	机柜外电缆布线： （1）电缆布放时应理顺，不交叉弯折。 （2）用槽道时，允许不绑扎，电缆不得溢出槽道。 （3）用走线梯时，应固定在走线梯横梁上，绑扎整齐，成矩形（单芯电缆可以绑扎成圆形），如果走线架与机柜顶的间距大于0.8 m，应在机架上方架设线梯以减小电缆自重所产生的应力。 （4）在地板下叠加布放时，最高不能超过防静电地板下净高度的3/4。 （5）未使用槽道布放时，应成矩形（单芯电缆可以绑扎成圆形）		4	
DHDB08B	尾纤机柜外布放时，采取保护措施，如须加保护套管或槽道等		4	
DHDB09B	保护套管应进入机柜内部，进入机柜内部的长度不宜超过10 cm，且套管应绑扎固定		4	
DHDB10B	尾纤保护套管切口应光滑，否则要用绝缘胶布等做防割处理		4	
DHDB11B	尾纤布放： （1）布放尾纤时拐弯处不应过紧或相互缠绕，成对尾纤要理顺绑扎，且绑扎力度适宜，不能有扎痕。 （2）尾纤在线扣环中可自由抽动，不能成直角拐弯。 （3）布放后不应有其他电缆或物品压在上面		4	

续表

代码	条款描述	检查方法	分值	备注
二、信号电缆部分				
DHDB12C	机柜内的过长尾纤应整齐盘绕于盘纤盒内或绕成直径大于 8 cm 的圈后固定		1	
DHDB13B	信号电缆在走线转弯处应圆滑，与有棱角结构件固定时，建议采取必要的保护措施		4	
DHDB14C	同轴电缆转弯半径不小于 4 cm		1	
DHDB15B	时钟线按设计正确安装，插接可靠		4	
DHDB16B	尾纤连接点应干净，无灰尘，未使用的光纤头和单板光口应用保护帽（塞）做好保护，若需清洁应严格按公司要求规范处理		4	
DHDB17B	信号电缆标签填写正确、粘贴可靠，标签位置整齐、朝向一致，建议标签粘贴在距插头 2 cm 处。标签可根据客户要求统一制作	查看是否符合电缆工程标签规范要求	4	
三、电源及接地部分				
DHDC00B	公司配发分线盒、蓄电池等电源设备安装的位置应符合工程设计文件要求		4	
DHDC01B	电源线、地线电缆走线路由应与工程设计文件相符，便于维护扩容		4	
DHDC02A	设备的电源线、地线等连接正确可靠		8	
DHDC03B	设备电源线、地线及机柜间等电位级连线的线径满足设备配电要求	（1）查看线径是否与公司发货相符。 （2）查看线径是否符合安装手册要求	4	
DHDC04A	正确安装公司配发的防雷箱。防雷箱到设备的交流电源线保留 5 ~ 10 m，多余部分可以盘绕		8	
DHDC05A	电源线、地线一定要采用整段铜芯材料，中间不准许有接头		8	

续表

代码	条款描述	检查方法	分值	备注
三、电源及接地部分				
DHDC06B	地线、电源线连接至分线盒或 PDF 时，余长要剪除，不能盘绕		4	
DHDC07B	并柜机柜间等电位线连接正确可靠		4	
DHDC08B	电源线、地线与信号线分开布放		4	
DHDC09B	机柜外电源线、地线与信号线间距符合设计要求，一般建议间距大于 3 cm		4	
DHDC10B	布放的电源线、地线颜色与发货一致，或符合客户要求			
DHDC11B	机柜门地线连接正确可靠		4	
DHDC12C	电源线、地线走线时应平直绑扎整齐，下走线时，电源线及地线应从机柜侧面下线		1	
DHDC13B	电源线、地线走线在转弯处应圆滑，与有棱角结构件固定时，应采取必要的保护措施	电源线与走线架弯曲接触处	4	
DHDC14A	电源线及地线压接线鼻时，应焊接或压接牢固		8	
DHDC15A	电源线及地线的线鼻柄和裸线需用套管或绝缘胶布包裹，线鼻、端子处无铜线裸露，平垫、弹垫安装正确		8	
DHDC16B	在一个接线柱上安装两根或两根以上的电线电缆时，一般采取交叉或背靠背安装方式，重叠时建议将线鼻做45°或90°弯处理。重叠安装时应将较大线鼻安装于下方，较小线鼻安装于上方		4	
DHDC17A	配线设备 DDF 的保护地线须连接牢固可靠，且相邻架间须互连，就近接入客户的保护地排		8	
DHDC18B	DDF 接地线线径：选用截面积≥6 mm^2 的多芯铜导线		4	
DHDC19B	设备的 FAN、ALARM、风扇等开关电动作正常，风扇工作正常，告警正常		4	
DHDC20B	机架或机箱内具有金属外壳或部分金属外壳的各种设备都应正确可靠接保护地		4	

续表

代码	条款描述	检查方法	分值	备注
三、电源及接地部分				
DHDC21B	一体化机框及盒式交流供电设备： （1）有直流保护地排时，设备的保护地接直流保护地排。 （2）在无直流保护地排，且条件不允许埋设接地体的情况下，可以通过交流电源的 PE 线接地，但应保证交流电源的 PE 线可靠接地		4	
DHDC22C	电源线、地线电缆标签填写正确、粘贴可靠，标签位置整齐、朝向一致，一般建议标签粘贴在距插头 2 cm 处。标签可根据客户要求统一制作，包括配电开关标签	查看是否符合电缆工程标签规范要求	1	
四、设备安装环境部分				
DHDD00C	机房应远离强电场、强磁场、强电波、强热源等区域，满足机房电磁要求级别		1	
DHDD01C	机房抗震、防雷及承重满足机房建设要求和设备长期安全运行需要		1	
DHDD02B	交流电源参数符合设备长期安全运行需要，机房交流电源系统应有防雷单元，防雷单元应可靠接地		4	
DHDD03B	交流电源的交流保护地应可靠与交流保护地排连接，直流电源的直流保护地应可靠与直流保护地排连接，客户提供的 GND 地排、PGND 地排，最终须连接在同一个接地体上		4	
DHDD04C	接地阻值： （1）中国区域：建议小于 5 Ω（恶劣条件下 ≤10 Ω）。 （2）海外区域：符合当地标准，一般建议小于 10 Ω		1	
DHDD05C	客户方 PGND 电缆、一次电源的 GND 电缆、－48 V 电缆至 PDF 或分线盒的线径和供电方式，以工程设计文件及公司发货为准，满足设备运行和扩容要求		1	

续表

代码	条款描述	检查方法	分值	备注
四、设备安装环境部分				
DHDD06C	PDF（分线盒）、一次电源输出限流保险应符合设备运行要求		1	
DHDD07C	机房提供的直流供电电压及容量满足设备长期安全运行要求		1	
DHDD08C	室外电缆应避免架空布放入室，否则应做必要的防雷处理		1	
DHDD09C	机房环境温度和相对湿度应满足设备长期安全运行要求		1	
DHDD10C	机房洁净度满足设备长期安全运行要求		1	
DHDD11C	机房应有相应的防火措施		1	
DHDD12C	机房应有相应的防静电措施		1	
DHDD13C	机房内和华为设备相关联的金属结构件建议做保护接地		1	
DHDD14C	ODF宜接保护地，光缆内用于增加强度的金属线宜接保护地		1	
DHDD15A	如果设备是室外安装应用，配套机柜必须是华为Mini shelter室外柜，不能安装在室外无温控机柜或者网络箱中		8	此条款仅适用于CX600 - X1/X2和NE40E - X1/X2产品
DHDD16B	设备在室内应用场景下，不能是楼道安装或者桌面安装		4	此条款仅适用于CX600 - X1/X2和NE40E - X1/X2产品
DHDD17B	与右进风左出风的设备（友商的大部分设备）堆叠放置时，间距要大于2U		4	此条款仅适用于CX600 - X1/X2和NE40E - X1/X2产品

续表

代码	条款描述	检查方法	分值	备注
五、其它				
DHDE00B	对于本表中未提及，而有考核要求的项目： （1）依据工程设计文件要求。 （2）参考安装手册要求。 （3）与客户协商的安装要求，如所在区域、国家和客户的标准、规范等		4	
DHDE01C	机架周围地板空隙应堵上，地板下不应有剪下的线扣和螺丝及其他杂物		1	
DHDE02C	机房应干净、整洁，作废的包装箱等杂物应清除。安装剩余的备用物品应整齐合理堆放		1	
DHDE03C	单板拆包装、插拔符合防静电操作规范		1	
DHDE04C	安装使用工具符合防静电要求		1	
DHDE05C	配发扩容的信号电缆，宜绑扎或插接固定到待扩容机柜内部预留位置，便于今后扩容维护，避免丢失		1	
DHDE06B	未使用的插头应采取保护措施，加保护帽等		4	
DHDE07B	设备上电硬件检查测试正常	查看测量（单板型号、电源参数、电源是否有短路等）	4	
DHDE08B	设备相关告警监控系统测试正常，正常运行后应无任何告警		4	
DHDE09B	工程施工过程应遵守施工行为、安全生产、电源操作、客户机房等相关规范要求		4	

参 考 文 献

［1］Kevin R. Fall. TCP/IP 详解［M］. 北京：机械工业出版社，2016.
［2］邝辉平. IUV－计算机网络基础与应用［M］. 北京：人民邮电出版社，2018.
［3］穆维新. 数据路由与交换技术［M］. 北京：清华大学出版社，2018.